국립생물자원관 編
한국 자생생물 소리도감 1

한국의 여치 소리

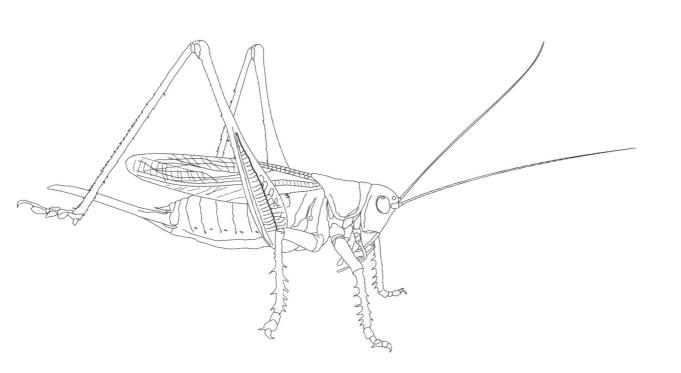

국립생물자원관 編 – 한국 자생생물 소리도감 1

한국의 여치 소리

A Sound Guide to Korean Tettigoniidae (Orthoptera : Ensifera)

발행 : 2010년 12월 1일

집필 : 국립생물자원관 생물자원연구부 무척추동물연구과 김태우(pulmuchi@korea.kr)

발행인 : 표도연
발행처 : 일공육사
주소 : 서울시 마포구 서교동 395-99 301호(우편번호 121-840)
전화 : 0505-460-1064 / 팩스 : 0303-0460-1064 / E-Mail : pody@dreamwiz.com

ⓒ 국립생물자원관 2010 / 정부간행물발간번호 : 11-1480592-000086-01
ISBN : 9788996610014 96490 / 9788996610007 96490(세트)

발간사

　주말이면 산이나 들로 혹은 아름다운 자연환경을 찾아 발걸음을 옮기는 이들이 많습니다. 예로부터 우리 민족은 피로에 지친 심신을 달래고 마음의 휴식과 정신적인 안정을 얻기 위해 금수강산을 찾았습니다. 물소리, 바람소리, 그리고 새소리가 들리는 푸른 자연 속에서 느끼는 만족감은 무엇과도 바꿀 수 없는 것일 겁니다. 최근에 이런 자연환경을 즐기는 문화생활과 여가활동이 많아지면서 자연의 소리에 귀 기울이는 국민들이 많아졌습니다. 저 곤충 소리의 주인공은 누구일까? 또 저 새소리는 누구를 부르는 것일까? 이런 질문들이 인터넷 검색어에 자주 올라온다고 합니다. 그만큼 이제 사람들이 사람들 이외의 주위 다른 생명체들에게도 관심과 여유를 가지게 된 것 같습니다. 또 자연의 소리를 듣기 위해서는 우리의 자연환경이 깨끗하고 아름답게 보전되어야 한다는 인식도 널리 퍼졌다고 할 수 있습니다.

　저희 국립생물자원관에서는 2008년부터 생물자원 발굴 및 분류 시험연구사업의 일환으로 한반도 자생생물의 각종 소리를 녹음하고 있습니다. 우리나라에는 귀뚜라미와 여치 같은 작은 풀벌레에서부터 논에서 생활하는 개구리, 산과 들에서 지저귀는 각종 새를 비롯하여 특유의 울음소리를 내는 많은 자생생물들이 있습니다. 생물의 소리는 여러 가지 기능과 의미가 담긴 일종의 통신수단인데, 이를 잘 연구하면 인간생활에 도움이 되는 자원으로도 개발할 수 있습니다. 이미 해외 여러 선진국에서는 생물의 소리를 이용하여 생물다양성 평가와 생태계 모니터링에 활용하고 있으며 또한 해충 방제나 환경변화를 감

지하는 수단으로도 이용하고 있습니다. 무엇보다 우리나라에서는 우리 생물이 내는 소리가 무엇인지 알 수 있는 기초 정보가 필요하고 소리 자원을 축적하여 체계적으로 관리할 수 있는 소리 은행(sound library)의 기능이 필요합니다.

우선 연구사업 결과물의 하나로 한국의 여치소리 도감을 발간하게 되었습니다. 여치는 베짱이, 쌕쌔기, 철써기, 매부리 등과 함께 메뚜기목(Orthoptera)에 속하는 곤충으로 전 세계적으로 약 6,000여 종, 한국에는 40종이 알려져 있습니다. 대부분 녹색 또는 갈색인 여치는 주변 자연 환경과 잘 어울리는 보호색을 띠고 있으며, 관목 위나 덤불, 풀숲에서 생활합니다. 특히 수컷은 앞날개에 잘 발달된 마찰기구가 있어서 활발하게 울음소리를 내는데, 예로부터 우리나라에서는 보릿대로 만든 여치집 안에 여치를 키우며 울음소리를 감상하던 풍습이 있습니다. 본 도감을 이용하여 한국에 자생하고 있는 여치과(Tettigoniidae)의 곤충을 사진과 설명을 통해 종별로 쉽게 동정하고 울음소리를 감상할 수 있습니다. 끝으로 연구를 맡아 진행한 무척추동물연구과 여러분들과 본 사업에 참여해 주신 여러 외부 연구자 분들께 깊이 감사드립니다.

2010년 12월
국립생물자원관장 김 종 천

감사의 글

　　본 소리도감이 나오기까지 많은 분들이 아낌없는 도움을 주셨습니다. 무척 추동물연구과 조주래 과장님 이하 서홍렬, 최원영, 유정선, 이경진 연구관님과 김기경, 변혜우, 박선재, 염진화, 여진동, 안능호, 전미정 연구사께서는 사무실 안팎의 환경에서 연구 진행에 많은 도움을 주셨습니다. 생물자원총괄과 황순옥 주사께서는 자원관 홈페이지에 '한국의 여치소리' 게시에 애써주셨습니다. 이화여자대학교 장이권 교수님은 음향실험실과 분석 프로그램을 소개시켜 주셨고 인천대학교 백문기 박사님은 소백산에서 촬영한 산여치 유충 사진을 제공해 주셨습니다. 국립농업과학원 강태화 박사, 대한표본연구소 백유현 소장과 전주아 님을 비롯하여 곤충동호인 강의영, 정광수, 성기수, 오해용 님께서는 특별히 채집이 어려운 여치를 붙잡아 본 연구의 소리 녹음을 위해 특송 작전을 펼쳐 주셨습니다. 류범주 선생님, 아주대 병원 박동하 박사님, 국립식물검역원 조희욱 님은 해외 여행에서 메뚜기를 채집할 때마다 아낌없이 표본을 제공해 주셨습니다. 제주도에 사는 박상규님과 거제도에 사는 변영호 선생님께서는 지역 출장을 갈 때마다 친절하게 안내해 주시고 많은 정보를 제공해 주셨습니다. 표본관리원 김오성 님과 지금은 독일에서 유학중에 있는 이호원 님은 글쓴이와 힘든 채집 여행에 자주 동행하여 도움을 주셨습니다. 러시아과학원의 Dr. Sergey Storozhenko, Dr. Andrey Gorochov, 일본직시류학회(Orthopterological Society of Japan)의 Mr. Ichikawa Akihiko, Mr. Ishikawa Hitoshi, 오스트레일리아 CSIRO의 Dr. Rentz David, 순천대학교 백종철 교수님, 고 이승모 선생님의 사모 박월서 여사님께서는 귀중한 문헌을 제공해 주셨습니다. 모비 사운드 스튜디오의 박준오 감독님은 이번 소리도감의 오디오 CD 제작을 위해 많은 신경을 써주셨습니다. 곤충동호인이기도 하신 표도연 사장님은 본 도감의 출간을 위해 가장 많이 애써 주셨습니다. 끝으로 제 아내 이정숙은 해외의 각종 소리도감 검색과 구입에 큰 도움을 주었을 뿐만 아니라 여름철 내내 집안에서 우는 온갖 풀벌레들의 크고 작은 소리에 인내심을 갖고 녹음 작업을 직접 도와주기도 했습니다. 이상 직접적으로 관계가 있었던 모든 분들과 필자의 불찰로 미처 열거하지 못한 분들께도 머리 숙여 감사드립니다.

김태우

· 본 소리도감에서는 한반도 전체에 기록된 여치과 40종 중 북한에서 알려진 6종을 제외하고 남한에서 발견할 수 있는 여치과 34종의 울음소리와 생태사진을 수록하였다.

· 본 도감에서 종 배열은 우리 말 이름으로 이해하기 편리하도록 단순한 것으로부터 복잡한 순서로 나열하였다. (계통순 배열은 부록 1. 참조)

· 국명은 한국곤충총목록(2010)을 따랐으며, 이전에 알려진 다른 이름이 있는 경우 이해를 돕기 위해 국명 아래 ' = ' 아래에 함께 표시하였다.

· 외부 형태와 사진만으로 뚜렷이 구별되는 종을 제외하고 같은 속(genus)에 속하는 유사종의 경우 속 검색표를 제시하여 동정의 편의를 제공하였다.

· 같은 아과(subfamily)에 속하는 종의 경우 습성과 생태가 유사하므로 간단한 아과 설명을 머리에 첨부하였다.

· 종의 국내 분포는 한반도를 기준으로 전국, 북부, 중부, 남부 등 포괄적으로 나타냈으며 제주도와 울릉도의 경우 확인된 지역만 표시하였다. 국외 분포와 아종 분포도 병기하였다.

· 성충기는 보편적으로 여치과 성충이 활동하고 관찰되는 시기를 말하며, 대부분 한국산 여치는 1년 1회 발생이지만, 2회 발생하는 종류는 별도로 표시하였다.

· 형태 기재는 가능한 육안으로 쉽게 확인할 수 있는 것을 포함하여 복잡한 생식기 구조가 있는 배끝 말단이나 마찰판 구조는 현미경 관찰에 근거한 것이다.

· 울음소리 묘사는 음향분석 프로그램으로 나타난 특성에 근거하며 주파수가 나타난 스펙트로그램(spectrogram)보다 종 구별에 유용한 오실로그램(oscillogram)을 첨부하였다.

· 생태 사진은 일부 사육 장면을 제외하고 대부분 글쓴이가 직접 현장에서 디지털 카메라로 촬영한 것이며, 날짜와 장소를 표시하였다. 외부 도움을 받아 게재한 사진은 별도로 표기하였다.

· 참고문헌은 국내 종이 처음 발표된 원기재문과 여치과 중요 문헌을 함께 언급하였다.

차례

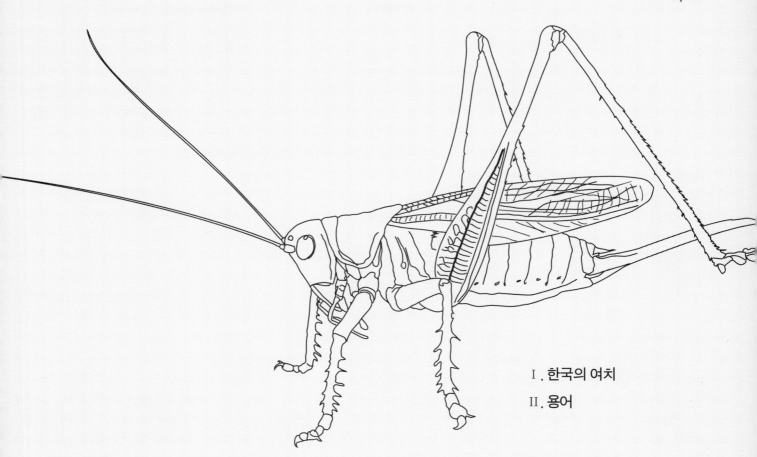

한국의 여치
소개

Ⅰ. 한국의 여치

1. 분류학적 위치

여치과(Tettigoniidae)는 메뚜기목 〉여치아목 〉여치상과에서 속하는 가장 큰 분류군으로 전 세계적으로는 900속에 약 6,000여 종 이상이 알려져 있다 (Naskrecki and Otte, 1999). 우리말 '여치'는 '베짱이'와 동의어로 쓰이며 보통 크기가 크고 날지 못하는 종류를 여치, 작으면서 날아다니는 것을 베짱이라고 구별한다. 하지만, 엄밀한 의미에서 큰 차이는 없다. 베짱이라는 말은 오히려 직조충(織造蟲)이라는 한자어에서 유래한 것으로 보이며, 이외에 한자에서는 종사(螽斯)와 실솔(蟋蟀)이라는 말로 여치와 귀뚜라미를 구별한다. 귀뚜라미는 발목마디 수가 세 마디로 이루어져 있고, 여치와 어리여치는 네 마디로 이루어져 있어 혼동이 되는 경우에도 구별이 된다. 귀뚜라미는 근본적으로 바닥 생활에 적응하여 몸이 아래위로 납작한 편이며, 여치는 나무 위나 덤불 속 생활에 알맞도록 좌우로 납작한 체형을 하고 있다. 또한 귀뚜라미와 여치는 앞 날개를 겹치는 방식이 다른데, 귀뚜라미는 오른쪽 날개를 왼쪽 날개 위에 겹치며, 여치는 왼쪽 날개를 오른쪽 날개 위에 겹친다. 여치와 비슷한 어리여치는 여치처럼 덤불 위에서 생활하지만, 수컷 앞날개에 마찰기관이 없고 앞다리 고막기관도 없어 여치처럼 울음소리를 이용한 통신을 하지 않는다.

Order Orthoptera	메뚜기(목)
Suborder Ensifera	여치(아목)
Superfamily Grylloidea	귀뚜라미(상과)
Superfamily Gryllacridoidea	어리여치(상과)
Superfamily Tettigonioidea	여치(상과)
Family Tettigoniidae	여치(과)

여치, 어리여치, 귀뚜라미 비교
① 여치과 : 긴날개중베짱이
② 귀뚜라미과 : 쌍별귀뚜라미
③ 어리여치과 : 어리여치

2. 생태와 특징

여치과의 종들은 세계 각지에 분포하지만, 주로 온대와 난대, 특히 열대 지방에 종 다양성이 풍부하다. 이들이 선호하는 서식처 역시 해안가 풀밭부터 고산지대 풀밭까지 광범위하며, 일부는 인간 활동을 빌려 전 세계에 분포하거나 지역적 고립을 통해 고유종으로 진화한 것도 있다.

여치의 식성은 초식성, 잡식성, 다식성, 포식성으로 다양하며, 상황에 따라 일시적으로 바뀌는 일도 있다. 일반적으로 실베짱이아과(Phaneropterinae)의 종들은 꽃잎과 꽃가루, 잎, 씨, 과일 등 초식성 먹이를 즐겨 먹으며, 다리에 포획용 가시열이 발달한 여치아과(Tettigoniinae)의 종들은 육식을 선호하여 작은 곤충을 사냥하거나 동종포식 현상을 나타내기도 한다.

여치는 동종 양성 간의 인식 수단으로 페로몬보다 소리를 이용하는 생태적 특징이 있다. 수컷이 왼쪽 앞날개 아랫면의 마찰판을 오른쪽 앞날개 윗면의 마찰기로 비빌 때에 마찰음(stridulation)이 생성된다. 마찰음은 떨림판 구실을 하는 얇고 투명한 막질의 경판에 의해 공명 효과가 증대되며, 수신자는 앞다리 무릎의 고막과 앞가슴기문을 통해 공중으로 전파되는 소리를 인식한다. 이들의 음향신호는 몇 가지 의미로 세분되고 종 특이적이다.

이들의 짝짓기 과정은 메뚜기아목(Caelifera)의 경우와는 반대로 암컷이 수컷의 위로 올라가 교미가 진행된다. 다른 그룹보다 특수화되어 있는 수컷의 단단한 미모는 암컷의 아생식판을 붙잡아 벌리는 역할을 하며, 교미의 종료 무렵 커다랗고 하얀 정자 주머니를 배출하여 암컷의 산란관 기부에 견고히 부착한다. 정자 주머니의 생산은 수컷의 물질적인 투자로서 수컷 체중의 30% 이상 되는 경우도 있다. 이후 암컷은 상대와 떨어져서 정자 주머니를 먹어 치우며, 여기에 함유된 영양물질이 암컷의 난소와 알을 성숙시키는데 도움을 준다.

여치의 알은 일반적으로 길쭉한 타원형이며, 암컷은 잘 발달된 산란관을 이용해 땅 속 또는 식물 조직 안에 낱개로 산란한다. 일부의 종에서는 산란관 날에 톱니가 발달하여 직접 식물 조직 내로 톱질하여 알을 삽입할 수 있다. 유충은 전형적인 불완전변태를 하며 4~10령 정도를 거쳐 성충이 된다. 탈피는 일반적으로 밤중에 일어나고 자신이 벗어놓은 탈피각을 먹어치움으로써 잔류 영양분을 재활용한다. 온대지방에서는 1년을 주기로 해마다 새로운 세대가 나타나며 겨울이 되기 전에 성충이 죽는 것이 보통이지만, 일부는 성충 월동하는 방식으로 적응한 종류도 있다.

여치의 주요 방어 전략은 은폐와 위장이며 대부분의 종이 자연 서식지의 배경과 잘 어울리는 녹색 또는 갈색이다. 몸이 가볍고 날개가 잘 발달한 종류는

여치류의 다양한 서식처
① 야산. 검은다리실베짱이 2004. 9. 27. 서울 강남구 대모산
② 강변 풀밭, 긴꼬리쌕새기 2004. 10. 20. 인천 강화도
③ 무덤가, 긴날개여치 2006. 5. 14. 경기 동두천 소요산
④ 저지대 공터, 긴날개중베짱이 2006. 7. 19. 경기 양주 울대리
⑤ 대나무숲, 대나무쌕새기 2009. 10. 16. 전남 담양 창평

여치류의 다양한 서식처
① 고산풀밭, 산여치 2009. 8. 13. 강원 태백 함백산
② 억새밭, 여치베짱이 2009. 7. 30. 전남 여수 돌산
③ 바닷가 풀밭, 점박이쌕쌔기 2003. 7. 16. 전남 완도 신지도
④ 잡목림 수풀, 중베짱이 2009. 7. 30. 전남 여수 돌산
⑤ 논밭 주변, 좀쌕쌔기 2006. 10. 21. 인천 강화도

위험이 닥치면 쉽게 뛰거나 날아서 도망치지만, 몸이 커서 무겁고 비행 능력이 약한 여치류는 덤불 속 아래로 재빨리 뛰어내린 후 숨어 버린다. 또 사로잡히면 잘 발달된 큰턱으로 포식자를 심하게 물기도 하며, 때로는 불쾌한 소화액을 토하거나 긴 뒷다리를 자절하여 탈출의 기회로 삼는다. 열대산 여치는 특수하게 새의 배설물이나 말벌, 대모벌류를 의태하기도 한다.

3. 연구사

한국산 여치과에 대한 기록은 영국자연사박물관 Walker(1869)에 의해 4종이 알려진 것이 처음이며, 이후 Mori(1933), Cho(1959, 1969), Lee(1990) 등에 의해 연차적으로 정리되었고 Kim and Kim(2001a, 2001b, 2001c, 2002a, 2002b)에 의해 분류학적으로 재검토되었다. 또한 최근 러시아과학원 극동지부(블라디보스톡 소재) 소속의 Storozhenko 박사에 의해 북한 지역으로부터 일부 종이 추가 보고되었다(Storozhenko, 2004; Storozhenko and Paik, 2007). 현재까지 보고된 한국산 여치과는 모두 40종이다(130쪽 참조).

Ⅱ. 용어

1. 형태

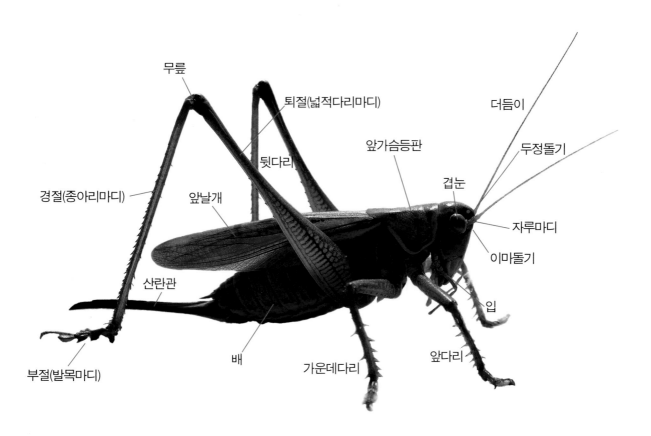

무릎

퇴절(넓적다리마디)

더듬이

앞가슴등판

두정돌기

뒷다리

겹눈

경절(종아리마디)

앞날개

자루마디

이마돌기

산란관

입

부절(발목마디)

배

가운데다리

앞다리

2. 용어

두정돌기(fastigium of vertex) : 두정 첨단으로, 더듬이 기부 사이로 튀어나온 부분.

이마돌기(fastigium of frons) : 이마 첨단이며, 결절로 두정돌기와 구별된다.

자루마디(scape) : 더듬이 기부 제 1절.

앞가슴등판(pronotum) : 앞가슴의 윗면 판. 전흉배판.

앞가슴등판 전부(prozona) : 가로홈에 의해 나누어지는 앞가슴등판 앞부분.

앞가슴등판 후부(metazona) : 가로홈에 의해 나누어지는 앞가슴등판 뒷부분.

앞가슴등판 측융기부(lateral carina of pronotum) : 앞가슴등판의 좌우 양쪽 세로 융기부.

앞가슴등판 측엽(lateral lobe of pronotum, =paranotum) : 앞가슴등판이 옆으로 넓어져 아래쪽으로 덮은 부분.

앞가슴복판 돌기(prosternal processes) : 앞다리 밑마디 사이 앞가슴복판에서 튀어나온 1쌍의 쐐기 혹은 가시 모양의 돌기

장시형(macropterous) : 앞날개가 배 끝을 넘어 완전히 덮는 상태, 혹은 후퇴절 말단을 넘는 경우로 앞뒤 날개가 완전히 발달하여 잘 난다.

중시형(mesopterous) : 앞날개가 배 절반 이상을 덮으나 끝을 넘지 않는 상태.

단시형(brachypterous) : 앞날개가 배 절반 이하를 덮는 상태.

미시형(micropterous) : 앞날개가 매우 짧고 앞가슴등판에 의해 가려진 상태.

무시형(apterous) : 완전히 날개가 없는 상태.

마찰기구(stridulatory apparatus) : 좌우 앞날개 기부에서 마찰음을 생성하는 기구로 마찰판과 마찰기, 경판 등으로 이루어진다.

마찰판(file) : 왼쪽 앞날개 기부 아랫면 뒷주맥에 발달한 마찰부로 볼록한 돌기가 많아서 마찰하는 판으로 작용한다.

전연맥(costa) : 앞날개 가장 바깥의 갈라지지 않는 시맥.

경맥(radius) : 앞날개 기부에서 끝으로 뻗는 3번째 세로 시맥. 경맥에서 갈라
   지는 시맥은 경분맥.

주맥(cubitus) : 앞날개 기부에서 끝으로 뻗는 5번째 세로 시맥.

부절(tarsus) : 다리에서 가장 끝마디, 발목마디.

경절(tibia) : 다리의 종아리마디.

퇴절(femur) : 다리에서 가장 굵은 마디, 넓적다리마디, 허벅마디.

고막(tympanum, pl. tympana) : 전경절 기부에 위치한 얇은 막질의 청각기관.

복부말단 등판(last abdominal tergite) : 복부등판 제 10절로 배설구와 생식기
   관을 덮는 부분.

항상판(epiproct, =supra-anal plate) : 복부등판 제 11절, 항문 윗판.

항측판(paraproct) : 항상판과 아생식판 사이에 놓여있으며 복부말단을 구성하
   는 1쌍의 측판, 항문 옆판.

아생식판(subgenital plate) : 배 끝 아래에 위치한 마지막 복판.

미모(cercus, pl. cerci) : 배 끝 항상판과 항측판의 기부 양측에 위치한 1쌍의 부
   속지로 다양한 크기와 모양을 가진다. 꼬리털.

내치(inner tooth) : 수컷의 미모 안쪽으로 튀어나온 돌기물. 교미시 갈고리 역
   할을 한다.

미돌기(stylus, pl. styli) : 아생식판의 끝에 붙어있는 짧은 돌기 모양의 부속지.
   꼬리돌기.

생식각(gonangulum) : 산란관 기부의 측판.

산란관(ovipositor) : 암컷의 배 끝에서 길게 나와 알을 낳는데 사용하는 부분.

단위음절(syllable) : 앞날개를 열고 닫는 완전한 1회전으로 생성된 소리 단위.

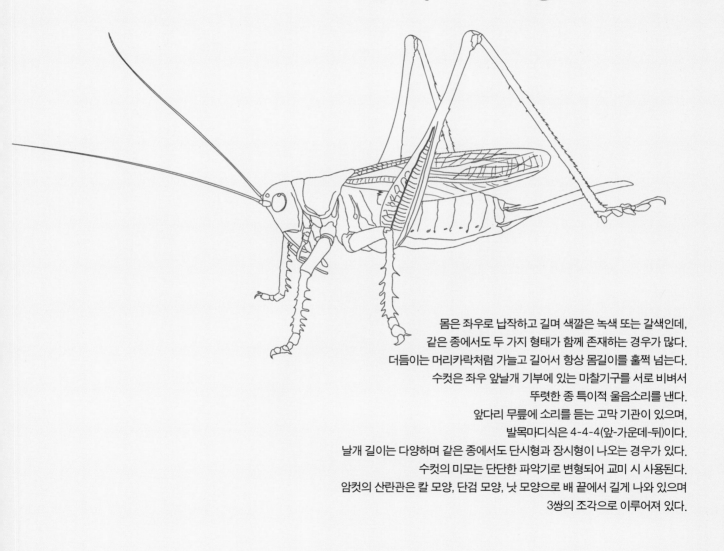

여치(과)
Family Tettigoniidae

몸은 좌우로 납작하고 길며 색깔은 녹색 또는 갈색인데,
같은 종에서도 두 가지 형태가 함께 존재하는 경우가 많다.
더듬이는 머리카락처럼 가늘고 길어서 항상 몸길이를 훌쩍 넘는다.
수컷은 좌우 앞날개 기부에 있는 마찰기구를 서로 비벼서
뚜렷한 종 특이적 울음소리를 낸다.
앞다리 무릎에 소리를 듣는 고막 기관이 있으며,
발목마디식은 4-4-4(앞-가운데-뒤)이다.
날개 길이는 다양하며 같은 종에서도 단시형과 장시형이 나오는 경우가 있다.
수컷의 미모는 단단한 파악기로 변형되어 교미 시 사용된다.
암컷의 산란관은 칼 모양, 단검 모양, 낫 모양으로 배 끝에서 길게 나와 있으며
3쌍의 조각으로 이루어져 있다.

Ⅰ. 여치(아과) Subfamily Tettigoniinae

여치과(Tettigoniidae)의 대표 아과이다. 머리는 짧고 수직상이며, 두정돌기는 좁지만 더듬이 자루마디보다는 넓다. 전경절 윗면에 항상 2~4개의 짧은 가시가 있다. 전경절 고막은 갈라진 틈 모양이다. 후기부절에 잘 발달한 자유욕반(plantula)이 있다. 여치아과에서 앞가슴복판돌기가 가시처럼 발달한 대형종은 작은 곤충을 습격하여 잡아먹는 육식성이 강하며 손으로 잘못 잡으면 심하게 깨무는 수가 있다. 암컷은 땅속이나 썩은 나무 속, 식물 줄기에 알을 낳는다.

여치속(*Gampsocleis*) 검색표

· 앞날개는 앞가슴등판보다 2.5~3.5배 길고 선명한 흑색 점렬이 있다. 산
  란관은 앞가슴등판보다 2배 길다.　　　　　☞ 여치
· 앞날개는 앞가슴등판보다 3.5배 이상 길고 점렬은 없거나 불분명하다.
  산란관은 앞가슴등판보다 3배 길다.　　　☞ 긴날개여치

여치 = 돼지여치

Gampsocleis sedakovii obscura (Walker 1869)

분포 한반도 전역(제주도 포함). 국외 : 중국 북동부, 극동러시아. ※ 원아종 *sedakovii sedakovii*는 중국 본토, 몽골, 중앙러시아에 분포한다.

서식처 해가 잘 드는 중산지 가장자리의 풀밭이나 가시덤불 속에 산다.

성충기 6~9월.

길이 머리에서 배 끝까지 30~36㎜(장시형은 날개 끝까지 44㎜), 산란관 20~23㎜.

울음소리 수컷은 주로 한낮에 가시덤불 속에 몸을 숨기고 '쩝-그르르르르륵' 하는 매우 우렁차고 뚜렷한 울음소리를 낸다. 본격적인 유인음을 내기에 앞서 몇 번의 짧은 예비음을 낸다. 9~10초간 지속되는 한 곡은 소리의 세기가 커지면서 끝을 맺는다. 기온이 올라가면 예비음은 불분명하게 생략되거나 곡 사이의 간격이 짧아지고 곡의 유지 시간은 길어진다. 예비음의 주파수 영역대는 3~15㎑이며 단위음절은 0.035초로 이루어진다.

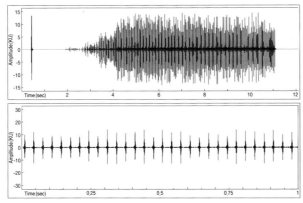

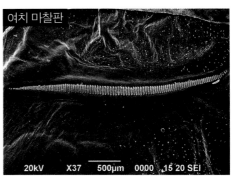

여치 마찰판

20kV   X37   500μm   0000   15 20 SEI

밑들이메뚜기를 잡아먹고 있는 여치 수컷 2010. 6. □□ 경기 광주 무갑산

유충　긴날개여치의 유충과 비슷하며 약간 두껍다. 녹색형과 갈색형이 있다.

형태　녹색형과 흑갈색형이 있다. 앞가슴등판 측융기부에 희미한 갈색선이 있다. 앞날개는 보통 배 끝을 넘지 않으며 넓적한데, 드물게 장시형이 나타난다. 전연맥부와 경맥부는 뚜렷하게 밝은 녹색이며 흑색 점렬이 항상 뚜렷하다. 앞가슴등판 뒷가두리는 둥글며 어깨 모서리는 뚜렷하다. 수컷의 앞날개 마찰기구와 날개 접합부는 갈색이다. 마찰판은 거의 직선상이며 약 110개의 마찰돌기로 이루어져 있다. 미모는 짧고 넓적하며 말단에서 약간 바깥쪽으로 굽는다. 내치는 기부에 위치하고 말단부보다 약간 짧고 굵다. 아생식판 중간은 깊이 파인다. 암컷 산란관은 암갈색으로 후퇴절보다 짧고 말단에서 약간 넓어지나 윗면은 분명한 절단상이다.

여치 암컷 2009. 8. 13. 강원 영월 쌍용. ＼
밑들이메뚜기를 잡아먹고 있는 여치 2010. 6. 22. 경기 광주 무갑산. ↑

긴날개여치 = 긴날개우수리여치

Gampsocleis ussuriensis Adelung 1910

분포	한반도 전역(제주도 포함). 국외 : 일본(홋카이도), 중국, 극동러시아.
서식처	계곡, 강변, 해변 등 주로 저지대 풀밭에 흔하다.
성충기	7 ~ 10월.
길이	머리에서 날개 끝까지 40 ~ 55mm, 산란관 25 ~ 27mm.
울음소리	수컷은 주로 한낮에 풀밭에 숨어 0.7 ~ 1초간 유지되는 장음조의 음향신호를 낸다. 짧은 예비음은 있는 경우도 있고 없는 경우도 많은데, 저온에서는 예비음을 많이 낸다. 곡 사이의 간격은 여치에 비해 짧고 규칙적이다. 주파수 영역대는 8 ~ 12㎑이며 단위음절은 0.013초로 이루어진다.

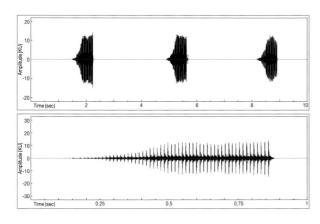

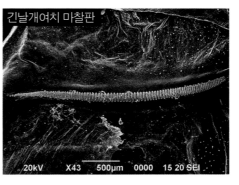

긴날개여치 마찰판

20kV   X43   500㎛   0000   15 20 SEI

유충   몸은 주록 녹색이지만 변이가 많다. 몸의 양옆을 따라 세로 줄무늬가 발달한다.

형태   연한 녹색이며 앞가슴등판 측융기부는 희미하게 갈색을 띤다. 앞날개의 흑색 점렬은 보통 없거나 불분명하다. 앞날개는 후퇴절 끝을 넘으며 특히 장시형의 날개 끝은 넓게 둥글다. 수 컷의 앞날개 마찰기구와 날개 접합부, 경맥은 갈색이다. 마찰판은 거의 직선상이며 약 100개 의 마찰돌기로 이루어져 있다. 미모의 말단부는 곧고 둥글다. 내치는 기부에 위치하며 말단 부보다 매우 짧고 안으로 뾰족하게 굽는다. 암컷 산란관은 후퇴절 길이와 비슷하다.

긴날개여치 수컷 2007. 7. 26. 경기 안산 시화호.
날개가 여치보다 훨씬 길다.

① 긴날개여치 유충 2007. 5. 6. 충남 태안 바람아래 해변
② 긴날개여치 암컷 2009. 7. 30. 전남 고흥
③ 유충이 금방 허물을 벗었다. 2009. 7. 2. 충남 태안 신두리

중베짱이
= 먹중베짱이, 북방베짱이, 만주중베짱이

Tettigonia ussuriana Uvarov 1939

분포   한반도 전역(제주도 포함). 국외 : 일본(쓰시마), 극동러시아.

서식처   주로 중고지대의 풀밭과 나무 위에 산다.

성충기   7 ~ 10월.

길이   머리에서 날개 끝까지 35 ~ 42㎜, 산란관 22 ~ 28㎜.

울음소리   수컷은 야간에 가시덤불 위나 나무 꼭대기 위에 숨어서 운다. 기온이 낮거나 고도가 높은 지역에서는 낮에 울기도 한다. 장시간에 걸쳐 단순음절을 계속 반복하며 음절 사이의 공백이 느껴지지 않는다. 주파수 영역대는 7 ~ 18㎑이며 단위음절은 0.044초로 이루어진다.

유충   몸은 완전 초록색이며 어린 유충은 특별한 무늬가 없다.

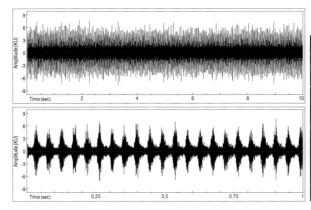

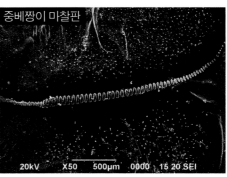

중베짱이 마찰판

20kV　X50　500㎛　.0000　15 20 SEI

형태   대부분 녹색형이지만 드물게 황색형이 나타난다. 더듬이, 두정, 앞가슴등판 윗면 정중부, 날
개 접합부, 경절은 옅은 갈색이다. 앞가슴등판 제 3가로홈 앞의 양측은 황색을 띤다. 두정돌
기는 더듬이 자루마디보다 1.4~1.6배 좁다. 앞가슴등판 후부는 약간 솟으며 점각이 있다.
앞날개는 앞가슴등판보다 3~4배 길며 기부와 말단부 폭은 거의 비슷하다. 경분맥 길이는
경맥 기부에서 경분맥 분지점까지 길이의 1~1.3배이다. 왼쪽 앞날개 마찰판은 거의 직선
상으로 배열하며 마찰돌기 수는 79~84개이다. 복부말단 등판엽의 끝은 뾰족하다. 미모의
내치 끝은 아래를 향한다. 아생식판은 넓고 둥글게 파인다. 암컷 산란관은 앞가슴등판보다
3~3.5배 길다. 아생식판 측융기선은 기부에서 끊김이 있다.

① 중베짱이 수컷 2007. 8. 15. 강원 철원 광덕산
② 수컷 황색형 2007. 7. 17. 경기 동두천 소요산

③ 잠자리를 잡아먹고 있는 중베짱이 암컷 2010. 8. 4. 강원 횡성 숲체원
④ 암컷 2006. 10. 3. 강원 화천 해산령
⑤ 밑들이메뚜기를 잡아먹는 중베짱이 유충 2007. 6. 30. 강원 철원 광덕산
⑥ 꽃가루를 먹는 중베짱이 유충 2007. 5. 20. 강원 홍천 동창

긴날개중베짱이

Tettigonia dolichoptera dolichoptera Mori 1933

분포   한국(고유아종). ※ 극동러시아에 아종 *dolichoptera maritima*가 분포한다.

서식처   주로 저지대의 물가나 계곡 주변 풀밭과 나무 위에 산다.

성충기   7 ~ 10월.

길이   머리에서 날개 끝까지 42 ~ 56㎜, 산란관 27 ~ 35㎜.

울음소리   수컷은 야간에 가시덤불 속이나 나무 꼭대기 위에 숨어서 운다. 중베짱이 소리와 거의 비슷하며 상대적으로 소리는 가늘게 느껴진다. 밤새 오랜 시간에 걸쳐 단순음절을 반복하며 간격이 느껴지지 않는다. 주파수 영역대는 8 ~ 16㎑이며 단위음절은 0.035초로 이루어진다.

유충   중베짱이와 구별이 어렵다. 다만 종령 유충은 날개싹의 길이가 배의 절반 이상을 덮을 정도로 길고 끝이 뾰족하다.

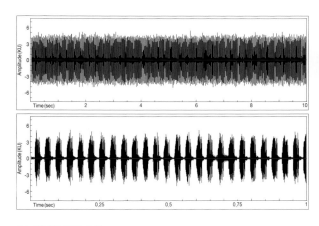

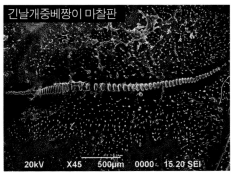

긴날개중베짱이 마찰판

20kV   X45   500µm   0000   15.20 SEI

형태   짙은 녹색이다. 후퇴절의 아랫면 가시는 검다. 두정돌기는 더듬이 자루마디보다 1.3배 좁다. 앞날개는 후퇴절 끝을 훨씬 넘으며 앞가슴등판보다 5~5.3배 길고 기부 폭은 말단부보다 뚜렷이 넓다. 경분맥의 길이는 경맥 기부에서 경분맥 분지점까지 길이의 1.7배이다. 마찰돌기는 거의 직선상으로 배열하며 약 60개의 마찰돌기로 이루어져 있다. 수컷의 복부말단 등판 엽의 끝은 매우 뾰족하다. 미모의 내치 끝은 뾰족하고 아래를 향한다. 암컷 산란관은 앞가슴등판보다 4배 더 길다. 아생식판 측융기선은 기부에서 약간 끊긴다.

울음소리를 내고 있는 긴날개중베짱이 수컷
2006. 7. 19. 경기 양주 율대리

① 긴날개중베짱이 암컷 2007. 7. 10. 경기 양주 울대리
② 풀숲에서 긴날개중베짱이의 짝짓기가 이루어진다.
2006. 7. 19. 경기 양주 울대리

중베짱이속(*Tettigonia*) 검색표

· 앞날개는 후퇴절에 머물며 앞가슴등판보다 3 ~ 4배 길다. 수컷 미모 내
　치는 중간에 위치한다.　　　　　　☞ 중베짱이
· 앞날개는 후퇴절 끝을 넘으며 앞가슴등판보다 5배 길다. 수컷 미모 내
　치는 기부에 위치한다.　　　　　　☞ 긴날개여치

좀날개여치 = 검정긴허리여치, 별여치

Atlanticus brunneri (Pylnov 1914)

분포   한반도 중북부 지방. 국외 : 중국 북동부, 극동러시아.

서식처   주로 야간에 산지 바닥을 돌아다닌다.

성충기   7 ~ 9월.

길이   머리에서 배 끝까지 25 ~ 30㎜, 산란관 20㎜.

울음소리   수컷은 밤에 낮은 풀숲 사이나 땅 바닥에 몸을 붙여 숨기고 단순음절을 반복하여 음향신호를 보낸다. 음절간 끊어지는 간격이 있으나 사람이 느끼기는 어렵다. 주파수 영역대는 10 ~ 20㎑이며 단위음절은 0.07초로 이루어진다.

유충   몸은 거의 갈색이며 특별히 다른 색깔이 없다. 종령 상태가 될 때까지 날개싹은 전혀 없으며 수컷만 약간의 날개싹이 자란다.

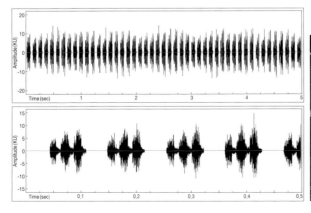

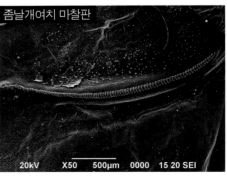

좀날개여치 마찰판

20kV   X50   500㎛   0000   15 20 SEI

좀날개여치 수컷 2006. 8. 5. 경기 연천 고대산

형태   갈색이다. 더듬이에 옅은 마디 무늬가 있다. 겹눈 뒤와 측엽, 옆가슴판은 흑색으로 이어진다. 측엽 뒷가두리의 백색 테두리는 측융기선 아래에서부터 선명하다. 두정돌기는 더듬이 자루 마디보다 좁다. 후퇴절의 아랫면 바깥쪽에 3~4개, 안쪽에 4~5개의 가시가 있다. 수컷의 앞 날개는 적갈색이며 시맥은 회백색인데 배 등판 제3절에 겨우 도달할 정도로 짧고 마찰기구 기부는 앞가슴등판으로 일부 가려진다. 마찰판은 약하게 U자로 굽는다. 마찰돌기는 약 100 개로 이루어져 있으며 중앙부는 타원형이며 가장자리는 비늘모양이다. 복부말단 등판은 점차 좁아지고 뒷가두리 중앙은 U자로 깊게 파인다. 미모는 두꺼운 원뿔형이며 길이는 기부 폭의 4배 이하이며 끝은 안으로 약간 굽는다. 중간에 안으로 굽는 1개의 내치가 있다. 아생식판은 미모와 비슷한 정도로 뒤로 뻗으며 말단으로 가면서 좁아지는데 뒷가두리는 둔하게 파인다. 암컷은 무시형으로 날개가 없다. 산란관은 후퇴절보다 약간 짧고 기부 절반에서 곧고 이후로 매우 뚜렷이 위로 굽으며 윗면 끝은 분명하게 절단된다. 아생식판 뒷가두리 중앙은 V자로 파이고 그 엽은 넓게 둥글다.

 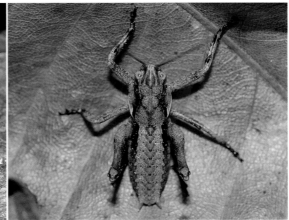

좀날개여치 암컷은 전혀 날개가 없다. 2006. 8. 5. 경기 연천 고대산. ↘
좀날개여치 유충 2006. 5. 14. 경기 파주 광적. ↑

갈색여치 = 긴허리여치

Paratlanticus ussuriensis (Uvarov 1926)

분포	한반도 전역. 국외 : 중국 북동부, 극동러시아.
서식처	주로 야간에 산지의 덤불과 등산로의 관목이나 바닥을 돌아다닌다.
성충기	7 ~ 10월.
길이	머리에서 배 끝까지 25 ~ 32mm, 산란관 26 ~ 30mm.
울음소리	수컷은 야간에 풀숲 바닥에 숨어 뚜렷하게 짧은 음절을 반복한다. 한 음조는 '치릿-'하며 0.3초간 짧게 이루어지는 단음조이며 주파수 영역대는 14 ~ 20KHz이다.

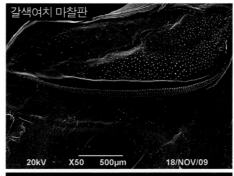

갈색여치 마찰판

20kV　X50　500μm　18/NOV/09

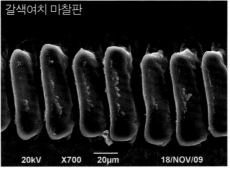

갈색여치 마찰판

20kV　X700　20μm　18/NOV/09

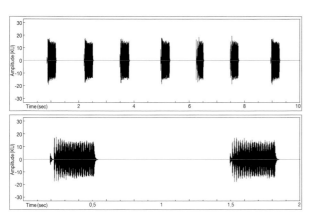

유충 어린 유충은 갈색이며 몸 옆면이 진한 흑갈색이다. 자라면서 몸 아랫면에 녹색이 비치며 점점 얼룩덜룩해진다.

형태 수컷은 짙은 흑갈색, 암컷은 옅은 담갈색이다. 더듬이는 흑색, 겹눈 뒤로 검은 띠가 있으며 얼굴은 연한 적갈색이다. 앞가슴등판 측엽은 검고 테두리는 연한 황백색이다. 옆가슴판의 흑색 세로무늬는 배까지 이어진다. 앞날개 말단 가장자리와 배 아래 양옆, 후퇴절 아래 기부 절반은 고산지에서 뚜렷한 녹색이나 저지대에서는 황색, 또는 담갈색으로 다양하다. 앞날개는 갈색이고 시맥은 검다. 마찰판은 약하게 U자로 굽는다. 마찰돌기는 타원형이며 약 95개가 빽빽하게 배열한다. 수컷 복부말단 등판 중간은 V자로 파이고 말단엽은 튀어나온다. 미모 끝은 뾰족하게 안으로 굽으며 1개의 아말단 내치와 함께 갈고리 모양을 이룬다. 아생식판은 넓고 뒷가두리는 V자로 파인다. 미돌기는 기부 폭보다 길다. 암컷 앞날개는 수컷보다 짧고 앞가슴등판과 비슷한 길이다. 산란관은 몸길이와 비슷하고 약간 아래로 굽는다. 아생식판은 중앙융기선이 발달하며 뒷가두리는 중앙에서 V자로 파이고 그 엽은 넓게 둥글다.

갈색여치 수컷 2005. 9. 20. 서울 북한산 우이령

① 꽃가루를 갉아먹는 갈색여치 유충 2010. 5. 15.
　경기 양평 설매재 휴양림
② 포도 농가에 대발생한 갈색여치 유충 2007. 6.
　14. 충북 영동 비탄리
③ 갈색여치 암컷 2007. 7. 17. 경기 동두천 소요산.
④ 짝짓기 2006. 8. 15. 강원 철원 광덕산.

우리여치

Anatlanticus koreanus Bey-Bienko 1951

분포   한국(고유종).

서식처   백두대간을 따라 고산지대에 드물게 나타난다.

성충기   7 ~ 10월.

길이   머리에서 배 끝까지 24 ~ 30㎜, 산란관 16 ~ 20㎜.

울음소리   수컷은 야간에 규칙적인 음절을 3 ~ 7회 정도 반복한
다. 한 음절은 약 0.8초간 유지되며 주파수 영역대는
7 ~ 17㎑이다.

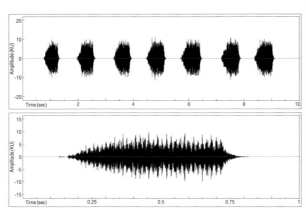

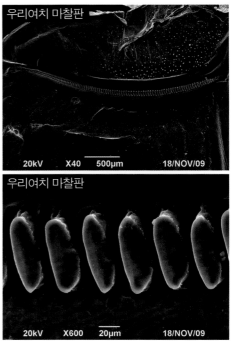

우리여치 마찰판

20kV X40 500μm 18/NOV/09

우리여치 마찰판

20kV X600 20μm 18/NOV/09

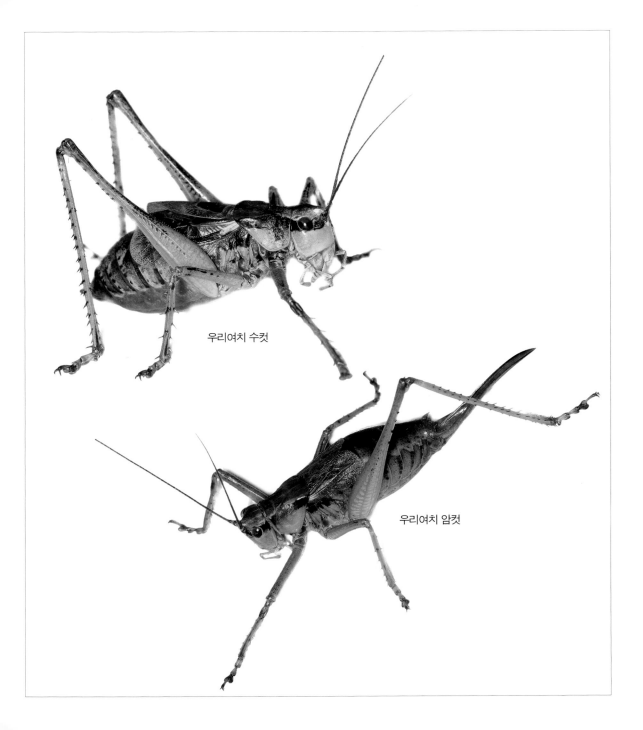

우리여치 수컷

우리여치 암컷

유충 형태는 갈색여치와 비슷하지만 몸에 녹색빛이 많다.

형태 녹색과 갈색이 섞여있다. 두정과 앞가슴등판 전부, 측엽의 상부는 흑갈색이며 하연은 백색이다. 앞날개는 갈색이며 시맥은 검다. 각 다리는 녹색이며 검은 반점이 흩어져 있다. 앞가슴등판 후부의 폭은 전부의 가로홈 뒤 가장 좁은 부분보다 2배 넓으며 중앙 융기선은 후부에서만 선명하다. 수컷의 앞날개는 앞가슴등판보다 2배 더 길며 배를 폭넓게 덮는다. 마찰판은 약하게 U자로 굽는다. 마찰돌기는 타원형이며 약 100개로 이루어져 있다. 복부말단 등판은 단순하나 안쪽으로 근접하면서 얇고 날카로운 돌기엽으로 된다. 미모는 매우 짧은 원뿔형이며 과립이 있다. 말단은 뾰족하고 날카로운 내치와 함께 갈고리 모양을 이룬다. 아생식판은 미모 너머로 길게 튀어나오며 말단으로 가면서 점차 좁아지고 뒷가두리는 오목하다. 암컷 앞날개는 수컷보다 짧고 앞가슴등판보다 약간 길다. 산란관은 앞가슴등판보다 2.7배 길며 윗면 끝은 경사지게 뾰족하다. 아생식판 뒷가두리는 삼각형으로 파이고 말단엽은 둥글다.

우리여치 암컷 2006. 8. 15. 강원 철원 광덕산. ↑
우리여치 유충 2007. 6. 30. 강원 철원 광덕산. ↗

애여치

Eobiana engelhardti engelhardti (Uvarov 1926)

분포 한반도 전역(울릉도 포함). 국외 : 중국 북동부, 극동러시아. ※ 일본에는 아종 *engelhardti subtropica*가 분포한다.

서식처 연못, 물가, 강변, 습지의 풀밭에 산다.

성충기 6 ~ 8월.

길이 머리에서 배 끝까지 19 ~ 25㎜(장시형은 날개 끝까지 35㎜), 산란관 10㎜.

울음소리 수컷은 밤낮을 가리지 않고 운다. 뚜렷한 패턴의 분리된 음절을 충분한 간격을 두고 규칙적으로 반복해 운다. 주파수 영역대는 9 ~ 16㎑이며 한 음조는 1.4초로 이루어진다.

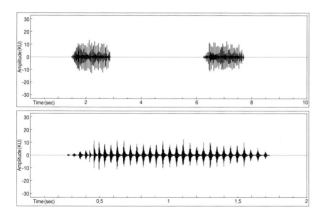

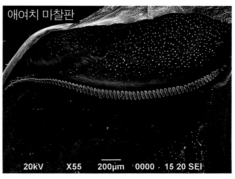

애여치 미찰판

20KV   X55   200㎛   0000 · 15 20 SEI

수컷 장시형 2010. 7. 15. 강원 홍천 개야리. ↑
암컷 2007. 7. 26. 경기 안산 시화호. →

유충 　잔날개여치와 비슷하며 종령 상태가 될 때까지 거의 흑색이다.

형태 　중시형과 장시형, 녹색형과 갈색형이 있다. 겹눈 뒤에 백색 줄무늬가 있다. 입틀 주변은 검다. 앞가슴등판 측엽은 흑갈색, 상부는 검고 하부는 연하다. 앞날개 경맥부 전체에 불분명한 흑색 점렬이 흩어져 있다. 다리는 적갈색이며 각 퇴절 윗면과 무릎은 검고 후퇴절은 바깥쪽까지 검다. 앞가슴등판 전부는 평평하며 뒷가두리는 매우 넓게 둥글다. 앞날개는 후퇴절 끝을 넘으며 끝은 약간 뾰족한데 날개 폭은 중간 이후 급격히 좁아진다. 특히 장시형의 날개 끝은 둥글다. 마찰판은 부드럽게 S자로 굽으며 약 75개의 마찰돌기로 이루어져 있다. 수컷 복부말단 등판엽은 길고 날카롭게 뾰족하며 가운데는 깊이 파인다. 미모는 원뿔형이며 중간 약간 너머에 내치가 있다. 아생식판 뒷가두리는 오목하다. 암컷 산란관은 절반 이후부터 뚜렷이 좁아진다. 아생식판은 말단으로 가면서 좁고 길어져 산란관 기부 1/4을 덮는다. 중앙 융기선이 잘 발달하며 뒷가두리는 깊고 매우 뾰족하게 파인다.

금방 허물을 벗은 유충 2006. 5. 13. 경기 파주 백석리. ↑
암컷 갈색형 장시형 2008. 7. 17. 경북 울릉도. →

잔날개여치 = 작은날개애기여치

Chizuella bonneti (Bolivar 1890)

분포 한반도 전역(제주도 포함). 국외 : 일본, 중국 북동부, 극동러시아.

서식처 습지, 하천변 제방과 같이 물기가 많은 풀밭에 흔하다.

성충기 6 ~ 9월.

길이 머리에서 배 끝까지 18 ~ 25㎜, 산란관 7 ~ 9㎜.

울음소리 수컷은 밤낮을 가리지 않고 운다. 울음소리는 '치릿, 치릿, 치릿' 하는 독립된 음절의 반복이며 각 음절 사이에 일정 간격이 있는데, 온도 조건에 따라 간격은 불규칙적이다. 주파수 영역대는 10 ~ 20㎑이며 한 음절은 0.2초로 이루어진다.

유충 몸 양옆은 검고 윗면은 밝은 갈색이다.

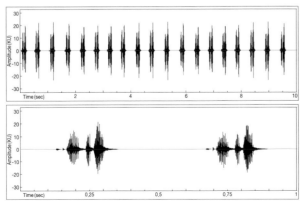

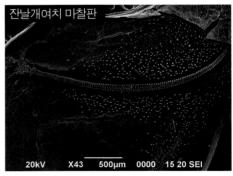

잔날개여치 마찰판

20kV   X43   500㎛   0000   15 20 SEI

잔날개여치 수컷 2009. 6. 11. 경남 거제도

형태　수컷은 암갈색, 암컷은 담갈색이다. 몸의 옆면은 대부분은 짙은 흑갈색이다. 겹눈 뒤에 백색 줄무늬가 있고 앞가슴등판 측엽 뒷가두리에 백색 테두리가 선명하다. 앞날개는 연한 갈색이며 시맥은 검다. 수컷은 단시형으로 매우 짧고 앞날개 대부분은 마찰기구로 된다. 마찰판은 부드럽게 U자로 굽으며 약 100개의 마찰돌기로 이루어져 있다. 가장자리 마찰돌기는 잔잔한 비늘형태로 되어 있다. 복부말단 등판엽은 뾰족하고 가운데는 파인다. 미모는 기부 폭보다 4배 긴 원뿔형이다. 내치는 기부 근처에 위치하고 끝은 안쪽 위로 굽었다. 아생식판은 미모와 비슷하게 튀어나오며 뒷가두리는 넓고 가운데는 뚜렷하게 찢어진다. 암컷 앞날개는 수컷보다 더 짧아 비늘 모양으로 흔적적이다. 산란관은 검고 기부는 밝은 색이며 후퇴절보다 짧아 위로 굽는다. 아생식판 뒷가두리는 장방형으로 오목하다.

① 암컷 2007. 6. 23. 제주도.
② 유충 2005. 4. 23. 경기 군포 수리산.
③ 암컷이 갓 우화하였다. 2009. 6. 11.
　 경남 거제도

산여치

Sphagniana monticola (Kim and Kim, 2001)

분포 한국(고유종).

서식처 백두대간을 따라 해발고도 1,000 미터 이상의 고산지대 풀밭에 드물게 나타난다.

성충기 7 ~ 9월.

길이 머리에서 배 끝까지 17 ~ 20㎜, 산란관 8 ~ 9㎜.

울음소리 수컷은 주로 한낮에 덤불 잎사귀 위에 올라와 운다. 초당 2회 정도의 짧은 단위음절을 규칙적으로 반복하며 하나의 단위음절은 0.3초간 이루어진다. 주파수 영역대는 10 ~ 20㎑이다.

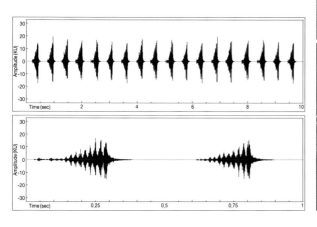

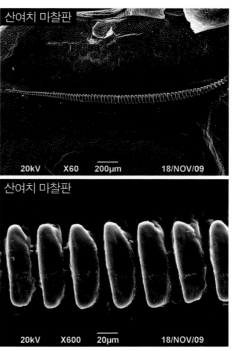

산여치 마찰판

20kV X60 200µm 18/NOV/09

산여치 마찰판

20kV X600 20µm 18/NOV/09

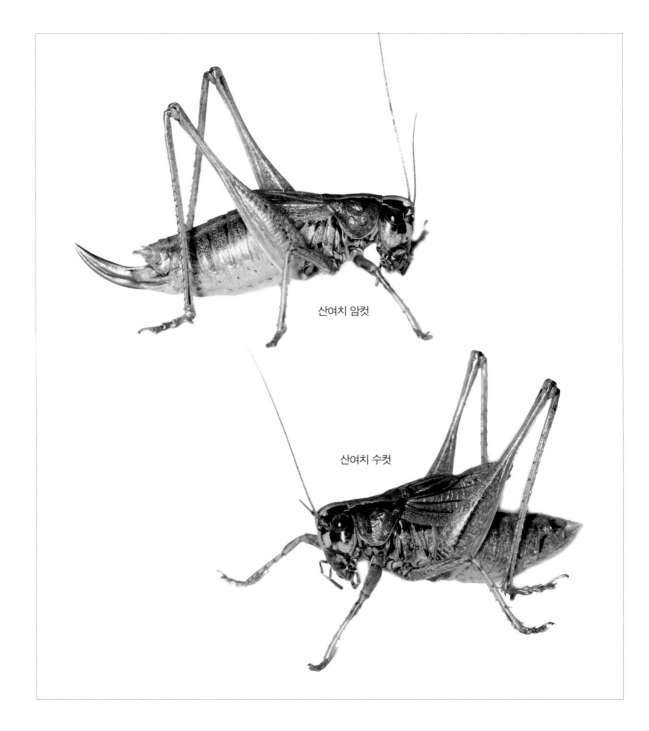

산여치 암컷

산여치 수컷

유충 잔날개여치와 비슷하지만, 얼굴에 뚜렷한 띠무늬가 있다.

형태 흑갈색이다. 겹눈 아래에서 뺨과 얼굴, 입틀로 이어지는 흑색 띠무늬가 있다. 배 아랫면은 밝
은 담갈색이다. 수컷 앞날개는 갈색으로 배 끝을 넘지 않지만 넓적하게 배 윗면을 덮으며 시
맥은 흑색이다. 마찰판은 거의 직선상이며 기부에서 약하게 굽는다. 마찰돌기는 타원형이며
약 70개로 이루어져 있다. 복부말단 등판은 작은 삼각형 모양으로 튀어나오며 가운데는 V자
로 파인다. 미모는 두껍고 아래위로 납작하며 매우 짧아서 아생식판을 넘지 않고 기부가 복
부말단 등판으로 거의 가려진다. 미모의 안쪽 돌기는 기부에 위치하고 말단부에 비해 상대
적으로 가늘고 짧다. 아생식판은 미모보다 길게 뒤로 나오며 뒷가두리는 중간에서 V자 모양
으로 파였다. 암컷 앞날개는 수컷보다 더 짧고 폭도 좁다. 산란관은 기부가 밝은 색을 띠며
끝은 검고 위로 굽는다. 아생식판은 산란관 기부를 덮으며 끝이 날카롭게 가늘어진다.

산여치 암수의 만남 2009. 8. 13. 강원
　태백 함백산. ←
산여치 유충 2007. 7. 31. 경북 소백산
　연화봉. ↓

ⓒ 백문기

II. 베짱이(아과) Subfamily Hexacentrinae

머리는 짧고 수직상이며 두정돌기는 가늘고 더듬이 자루마디보다 좁다. 앞가슴복판에 가시모양 돌기가 발달한다. 전경절과 중경절 아랫면에 긴 포획용 가시가 발달하였다. 앞다리 고막은 갈라진 틈 모양이다. 성충은 강한 육식성을 나타내며, 작은 곤충을 습격해 잡아먹는다.

베짱이

Hexacentrus japonicus Karny 1907

분포	한반도 전역(울릉도, 제주도 포함). 국외 : 일본, 중국.
서식처	산지 주변의 풀밭이나 도시 공원에 흔하다.
성충기	7 ~ 10월.
길이	머리에서 날개 끝까지 32 ~ 40㎜, 산란관 14 ~ 16㎜.
울음소리	수컷은 야간에 덤불 위에 올라와 '쓰이익- 쩍' 하는 특징적인 울음소리를 낸다. 앞 음절은 0.1초간 길게 유지되고 뒤 음절은 0.004초 만에 짧게 끝나는 형식으로 1분 이상 충분히 길게 반복된다. 온도 조건에 따라 음절 간격에는 차이가 있다. 주파수 영역대는 8 ~ 20㎑이며 단위 음절은 0.003초로 이루어진다. 수컷은 한 곳에서 울다가 방해를 받으면 다른 곳으로 날아가 다시 울기 시작한다.

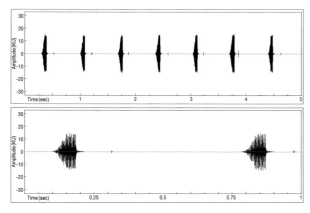

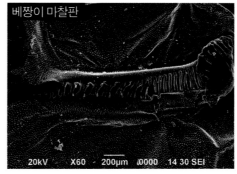

베짱이 마찰판

20kV X60 200㎛ 0000 14 30 SEI

유충 어린 유충은 더듬이에 마디무늬가 있고 자라면서 겹눈과 앞가슴등판 중앙에 뚜렷한 세로 무늬가 발달한다.

형태 녹색이다. 더듬이 색은 연하고 일정 간격의 마디 무늬가 있다. 겹눈 윗면에 세로무늬가 있고 밤에는 검게 변한다. 두정돌기와 두정, 앞가슴등판 윗면은 적갈색으로 이어지며 그 테두리와 연속하는 앞날개 기부 주맥부는 황백색이다. 전퇴절의 아랫면 안쪽과 후퇴절의 아랫면에 매우 짧은 가시가 있다. 전경절, 중경절에 6쌍의 긴 가시가 있다. 후경절 가시는 짧다. 각 다리 부절 3 ~ 4절, 혹은 2 ~ 4절만 흑색이다. 앞가슴등판 앞가두리는 약간 오목하고 뒷가두리는 넓게 둥글며 가운데는 오목하다. 측엽 뒷가두리는 뚜렷이 경사진다. 수컷의 앞날개는 크고 넓은 잎 모양이며 끝은 둥글게 절단된다. 경분맥은 3 ~ 4개로 분지한다. 마찰판은 기부에서 크게 휘며 중앙부에 5 ~ 6개의 큰 마찰돌기가 있다. 기부 마찰돌기는 9개로 크고 뭉툭한 모양이며 나머지는 25개의 마찰돌기가 나란히 배열한다. 복부말단 등판은 단순하고 항상판은 두꺼운 삼각형이다. 미모 기부는 굵은 원통형으로 과립이 있으며 말단부로 가면서 가늘어지고 안으로 굽는다. 아생식판은 미모보다 길게 발달하고 중간에서 좁아지며 뒷가두리는 가운데가 오목하다. 미돌기는 가늘고 길다. 암컷의 앞날개는 수컷에 비해 상대적으로 좁다. 산란관은 후퇴절 말단을 약간 넘고 뾰족한 칼 모양이다. 아생식판은 삼각형이며 말단은 짧게 쪼개진다.

울음소리를 내고 있는 베짱이
수컷 2007. 9. 23. 인천 백령도

① 환삼덩굴의 꽃을 먹고 있는 베짱이 암컷 2005. 9. 3. 전
　남 순천 동천내
② 베짱이 암컷, 앞다리에 긴 가시가 발달하였다. 2009. 9.
　16. 제주도 관음사
③ 베짱이의 우화 2006. 8. 6. 경기 파주 보광사
④ 베짱이 종령 유충 2008. 7. 18. 경북 울릉도

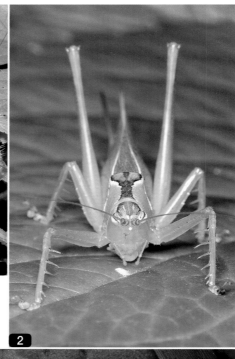

Ⅲ. 실베짱이(아과) Subfamily Phaneropterinae

머리는 둥글고 짧다. 앞가슴복판돌기가 없으며 가운뎃가슴, 뒷가슴 조각도 역시 가시 형태가 아니다. 전경절은 납작하고 횡단면이 사각형이며 후경절 말단에는 작은 윗면 가시가 있다. 부절 제 1 ~ 2절은 반원통형으로 눌려진 홈이 없다. 장시형인 종에서 뒷날개는 보통 앞날개보다 길게 뒤로 나와 있으며 나온 부분은 앞날개가 이어진 것처럼 같은 색으로 착색되어 있다. 산란관은 짧은 낫 모양으로 위로 굽었으며 끝은 뾰족하거나 톱니가 발달한다. 대개 꽃잎이나 과일을 갉아먹는 초식성이며 암컷은 나무껍질이나 나뭇가지, 나뭇잎의 얇은 조직 사이에 산란한다. 수컷의 유인음과 별도로 암컷이 짧은 울음소리를 내는 경우가 알려져 있다.

실베짱이속(*Phaneroptera*) 검색표

· 더듬이 색은 연하다.
　　겹눈은 반구형 이상으로 돌출하지 않는다. 　☞ 실베짱이
· 더듬이 색은 검고 일정 마디마다 흰색 고리무늬가 있다. 겹눈은 반구형 이상으로 돌출한다. 　☞ 검은다리실베짱이

실베짱이

Phaneroptera falcata (Poda 1761)

분포 한반도 전역(울릉도, 제주도 포함). 국외 : 일본, 대만, 중국, 러시아, 유럽. ※ 구북구 전역에 널리 분포한다.

서식처 너른 풀밭에 나타나며 저지대에서 고지대까지 두루 서식한다.

성충기 6 ~ 11월. ※ 지역에 따라 연 2회 출현한다.

길이 머리에서 날개 끝까지 30 ~ 37㎜.

울음소리 수컷은 주로 야간에 흔들리는 풀 위에 올라가 운다. '쯥-' 하는 약한 음절을 불규칙하게 반복하다가 1.2초 가량의 뚜렷한 울음소리를 낸다. 주파수 영역대는 15 ~ 25 ㎑이며 단위음절은 0.08초로 이루어진다.

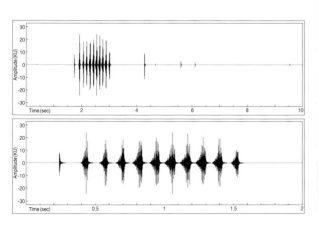

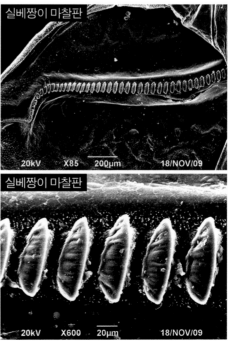

실베짱이 마찰판
20kV X85 200㎛ 18/NOV/09

실베짱이 마찰판
20kV X600 20㎛ 18/NOV/09

유충 어린 유충은 약한 얼룩무늬가 있지만 자라면서 완전 초록색으로 변한다.

형태 연녹색이며 어두운 점렬이 흩어져 있다. 더듬이 색은 연하며 겹눈은 반구형 이상으로 튀어
나오지 않는다. 각 다리와 산란관 모두 녹색이며 앞가슴등, 어깨, 날개 접합부, 부절은 담갈
색이다. 수컷의 왼쪽 앞날개 기부 마찰기구의 가장자리는 직선상으로 완만하다. 마찰돌기
는 가장자리에서 크게 S자로 굽으며 직상으로 35개의 큰 돌기, 굽은 다음부터 35개 정도의
작은 돌기가 배열해 있다. 가운데 부분 마찰돌기는 타원형이며 주름이 잡혀 있다. 항상판은
크고 넓적하며 모서리가 둥근 사각형이다. 미모는 길고 위로 굽으며 말단부로 가면서 가늘
어지나 말단부 근처에서 약간 부풀고 끝은 매우 뾰족하다. 아생식판은 기부 폭보다 길고 말
단부에서 약간 넓어지며 뒷가두리 중앙은 짧게 파인다. 암컷 산란관은 기부에서 약간 볼록
하여 급격히 위로 굽으면서 좁아지고 윗면과 아랫면 말단부 가장자리에 약한 톱니가 있다.
아생식판은 삼각형이며 끝이 좁게 절단된다.

실베짱이 암컷 2007. 7. 18. 서울 강서습지생태공원. ↖ 금방
짝짓기를 마친 후 정자주머니를 배 끝에 달고 있다.
실베짱이 종령 유충 2005. 9. 4. 전남 순천 동천내. ↑

실베짱이 수컷 2005. 10. 11. 서울 강서습지생태공원.

검은다리실베짱이

= 검정수염이슬여치

Phaneroptera nigroantennata Brunner von Wattenwyl 1878

분포   한반도 전역(울릉도, 제주도 포함). 국외 : 일본, 대만, 중국.

서식처   어둡고 습한 산지의 가장자리 관목이나 덤불 위에 매우 흔하다.

성충기   8 ~ 11월. ※ 지역에 따라 드물게 연 2회 출현한다.

길이   머리에서 날개 끝까지 30 ~ 36㎜.

울음소리   수컷은 주로 야간에 덤불 잎사귀 위를 돌아다니며 짧고 약하게 운다. 단위음절은 0.3초 동안 이루어지며 음절 간격은 불규칙적이다. 주파수 영역대는 12 ~ 24 KHz이다.

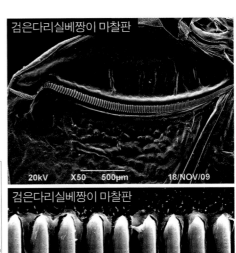

검은다리실베짱이 마찰판

20kV   X50   500㎛   18/NOV/09

검은다리실베짱이 마찰판

20kV   X800   20㎛   18/NOV/09

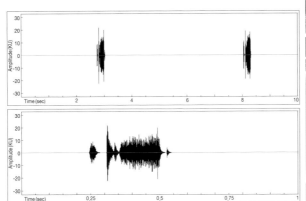

유충   어린 유충은 더듬이와 몸 전체에 희고 검은 반점이 발달한다.

형태   짙은 녹색이며 전체에 작은 흑색 점렬이 흩어져 있다. 더듬이는 흑색이며 일정 간격으로 백
        색 고리무늬가 있다. 겹눈은 담청색이며 반구형 이상으로 볼록하게 튀어나온다. 앞가슴등,
        어깨는 갈색이며 전경절, 전퇴절, 중퇴절은 적갈색이다. 후퇴절 말단부와 후경절은 갈색 내
        지 흑색인데 기부 근처에 옅은 백색 띠가 있다. 수컷의 앞날개 접합부는 갈색이며 마찰기구
        의 기부 윗면은 흑청색이다. 왼쪽 앞날개 기부 마찰기구의 가장자리는 두드러지게 크게 튀
        어나온다. 마찰판은 부드럽고 완만한 곡선으로 굽으며 중간 부분에 130개의 큰 마찰돌기가
        있고 가장자리 부분은 S자로 굽으며 작은 마찰돌기가 30개 정도 배열해 있다. 중심부 마찰돌
        기는 장타원형으로 빼곡하게 배열한다. 항상판은 크고 넓으며 양 모서리가 볼록한 사각형이
        다. 미모는 단순하게 가늘어지며 위로 굽는데 끝은 약간 뾰족하다. 아생식판은 기부 폭보다
        길고 말단으로 가면서 점차 좁아지며 뒷가두리는 뾰족하게 파인다. 암컷 산란관은 부드럽게
        위로 굽으며 점차 평행하게 좁아진다. 아생식판은 사다리꼴이며 뒷가두리는 약간 오목하다.

① 검은다리실베짱이의 짝짓기 2004. 10. 10. 서울 북한산
② 검은다리실베짱이 수컷 2007. 8. 25. 인천 강화 석모도
③ 검은다리실베짱이 유충 2007. 7. 7. 충남 태안 바람아래 해변
④ 로드킬 당한 쥐의 사체를 먹는 검은다리실베짱이 암컷 2009.
    9. 30. 충북 영동 민주지산
⑤ 검은다리실베짱이 암컷 2005. 9. 4. 전남 순천 동천내

큰실베짱이 = 큰이슬여치

Elimaea fallax Bey-Bienko 1951

분포　한반도 전역. 국외 : 중국 북동부, 극동러시아.

서식처　주로 중고산지 관목 위나 덤불에 흔하다.

성충기　7 ~ 10월.

길이　머리에서 날개 끝까지 35 ~ 50㎜.

울음소리　수컷은 주로 야간에 가지 끝에 앉아 운다. 음향신호는 매우 짧아 '츱-' 하는 단절적인 소리로 들리며 음절 간격은 길고 불규칙적이다. 주파수 영역대는 10 ~ 20㎑이며 단위음절은 0.03초로 이루어진다.

유충　줄베짱이 유충과 비슷하다.

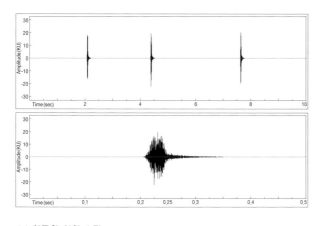

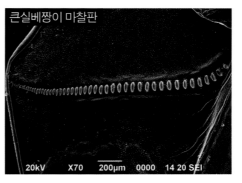

큰실베짱이 마찰판

형태　녹색이다. 더듬이 색은 검고 일정 간격으로 백색의 고리무늬가 있다. 앞날개 접합부와 시맥은 옅은 적색이며 시맥방에 흑점이 많다. 앞가슴등판 전부는 원통형, 후부는 약간 넓어진다. 앞날개 폭은 앞가슴등판 길이보다 넓으며 경분맥은 경맥 기부로부터 1/3 지점에서 갈라지고 말단에서 2 ~ 3개로 다시 짧게 갈라진다. 뒷날개는 적갈색으로 반투명하다. 전퇴절 기부는 S자로 약하게 굽으며 각 퇴절 아랫면 가시는 없거나 미세돌기로 되어 있다. 수컷의 왼쪽 기부 마찰기구 가장자리는 약하게 튀어나온다. 마찰돌기 수는 45개 정도이며 완만하게 직선상으로 배열한다. 돌기모양은 타원형이다. 복부말단 등판은 볼록하고 항상판은 긴 삼각형이다. 미모는 가늘고 길며 C자 형태로 위로 굽는데, 아말단부에서 약간 넓어져 끝은 납작하고 뾰족한 갈고리 모양이다. 아생식판은 매우 좁고 길며 중간 지점에서 두 조각으로 가늘게 나뉜다. 암컷 산란관은 갈색이며 윗면 가장자리 말단부터 2/3에 톱니가 발달하고 아랫면은 말단부에만 약한 톱니가 있다. 아생식판은 긴 삼각형이며 뒷가두리는 뚜렷하게 움푹 파인다. 기부 생식각은 아래에서 위를 향해 뚜렷하게 돌출한다.

① 큰실베짱이 수컷 2006. 10. 3. 강원 화천 해산령
② 큰실베짱이 암컷 2006. 10. 3. 강원 화천 해산령
③ 큰실베짱이 종령 유충 2007. 8. 15. 강원 철원 광덕산

북방실베짱이 = 극동실베짱이

Kuwayamaea sapporensis Matsumura and Shiraki 1908

분포	한반도 전역(제주도 포함). 국외 : 일본, 극동러시아.
서식처	계곡 주변, 산지 풀밭에 드물게 나타난다.
성충기	7 ~ 10월.
길이	머리에서 날개 끝까지 32 ~ 38mm.
울음소리	수컷은 야간에 풀 위에서 독특한 멜로디의 울음소리를 반복한다. 하나의 곡은 4 ~ 5번의 약하고 느린 전반부와 3 ~ 4번의 강하고 짧은 후반부로 구성된다. 주파수 영역대는 10 ~ 17KHz이다.
유충	줄베짱이 유충과 비슷하다.

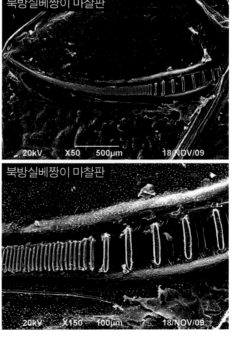

북방실베짱이 마찰판

북방실베짱이 마찰판

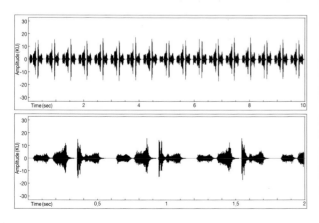

북방실베짱이 수컷 2007. 7. 21. 경남 산청 지리산 중산리. ↑
북방실베짱이 암컷 2009. 9. 16. 제주도 성판악. →

형태 녹색이다. 더듬이 색은 연하고 희미한 마디 무늬가 있다. 앞가슴등판 양측은 짙은 녹색이며 정중부는 황녹색 또는 담갈색이다. 앞날개 접합부가 줄베짱이처럼 수컷은 갈색, 암컷은 황백색이다. 앞가슴등판 앞가두리는 오목하고 뒷가두리는 폭이 넓어지며 중간이 오목하다. 수컷 앞날개는 중간 폭보다 4배 길고 경분맥은 4개가 평행하게 배열한다. 왼쪽 기부 마찰기구의 가장자리는 약간 튀어나온다. 마찰판은 부드럽고 완만하게 U자로 굽으며 마찰돌기는 기부쪽 1/3에서 성기게 배열하고 말단부 1/3는 빽빽하게 배열한다. 굵고 큰 마찰돌기는 7개, 빽빽한 마찰돌기는 135개 정도가 있다. 미모는 단순하게 길고 끝은 날카로우며 위와 안으로 굽는다. 아생식판은 반원통형으로 기부 폭보다 2.5배 길며 미모보다 뒤로 나오지 않는다. 뒷가두리는 절단상으로 가운데가 약간 오목하며 측융기선 사이에 삼각형의 막질부가 있다. 말단부는 위로 뾰족한 삼각형 갈고리 모양이다. 암컷 뒷날개는 앞날개보다 짧아서 뒤로 나오지 않는다. 산란관은 위로 굽었으며 끝은 뾰족하고 톱니의 발달은 약하다. 아생식판은 끝이 둔한 넓은 삼각형이다.

줄베짱이 = 등줄이슬여치

Ducetia japonica (Thunberg 1815)

분포　한반도 전역(울릉도, 제주도 포함). 국외 : 일본, 중국, 대만, 인도, 네팔, 캄보디아, 인도네시아, 필리핀, 오스트레일리아 북부. ※ 동남아시아 일대에 널리 분포한다.

서식처　도시 공원이나 산지의 풀밭, 덤불의 잎사귀 위에 매우 흔하다.

성충기　8 ~ 11월.

길이　머리에서 날개 끝까지 35 ~ 40㎜.

울음소리　수컷은 야간에 덤불이나 가지 위에 앉아서 1분 미만으로 끝나지만 특유의 점점 강해지는 음향신호를 보낸다. 처음에는 서서히 단순 음절로 반복되나 클라이맥스로 가면서 점점 빨라지다가 갑자기 곡이 끝난다. 주파수 영역대는 10 ~ 20㎑이며 음조의 초반부 단위음절은 0.04초로 이루어진다. 한 곡이 끝나면 수컷은 다른 곳에서 자리를 이동하여 새롭게 울기 시작하기도 한다.

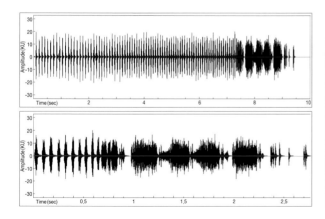

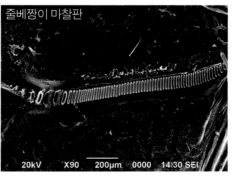

줄베짱이 마찰판

20kV　X90　200㎛　0000　14 30 SEI

① 줄베짱이 수컷 2007. 9. 23. 인천
  백령도
② 줄베짱이 종령 유충 2007. 8.
  11. 충남 태안 바람아래 해변
③ 울음소리를 내고 있는 줄베짱
  이 수컷 갈색형 2008. 10. 16.
  제주도 선흘리

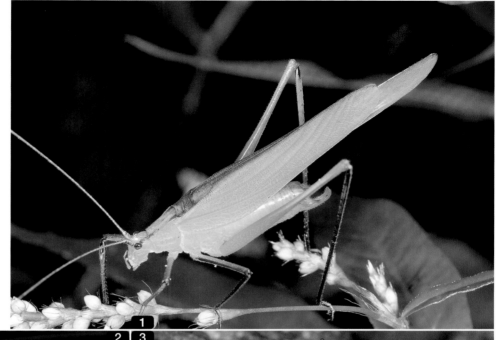

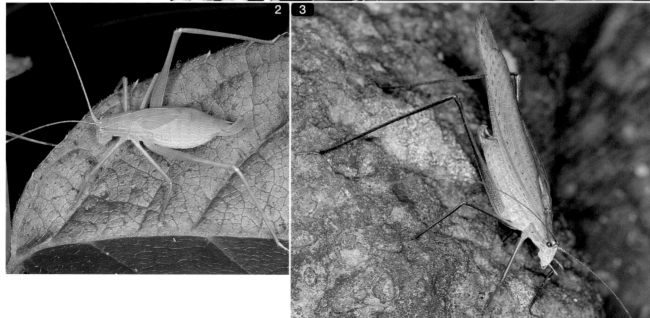

유충　몸 전체에 약한 세로 줄무늬가 있다.

형태　밝은 녹색형이 대부분이며 드물게 갈색형이 출현한다. 더듬이 색은 연하며 희미한 마디 무
늬가 있다. 겹눈 뒤에서 뒷머리로 이어지는 담갈색 띠무늬가 있다. 앞날개 접합부가 수컷은
갈색, 암컷은 황백색을 띤다. 앞가슴등판 윗면 앞가두리는 오목하며 뒷가두리는 둥글고 볼
록하다. 측엽은 높이와 길이가 비슷하다. 수컷 앞날개는 중간 폭보다 5배 길고 후퇴절 끝을
넘는다. 경분맥은 5개가 평행하게 배열한다. 왼쪽 기부 마찰기구의 가장자리는 완만하다.
마찰판은 거의 직선상으로 뻗어있으며 가장자리에서 약하게 굽는다. 중앙부 마찰돌기는 60
개 정도가 길게 배열하며 가장자리에는 굵고 큰 마찰돌기 2개와 작은 마찰돌기 6개 정도가
있다. 복부말단 등판 뒷가두리는 단순하고 약간 오목하다. 미모는 아래로 굽으며 말단으로
갈수록 가늘어지나 끝에서 1/4 지점 아랫면 안쪽은 칼날 모양으로 부푼다. 아생식판은 기부
폭보다 4배 길고 중간에서 두 조각으로 갈라지나 거의 서로 나란히 접하면서 위로 굽는다.
산란관은 짧고 위로 굽으며 윗면 말단부 2/3는 톱니가 있고 아랫면은 말단에만 약간의 톱니
가 있다. 아생식판은 짧은 삼각형이며 끝은 무디다.

줄베짱이 암컷 갈색형 2007. 9. 29. 인천 연평도. ↑
줄베짱이 암컷 녹색형 2007. 9. 29. 인천 연평도. ↗

검은테베짱이

Psyrana japonica (Shiraki 1930)

분포 제주도. 국외 : 일본.

서식처 제주도의 중고산지 풀밭 덤불 위나 나무 위에 드물게 나타난다.

성충기 8 ~ 10월.

길이 머리에서 날개 끝까지 44 ~ 48㎜.

울음소리 수컷은 야간에 덤불이나 나무 위에서 뚜렷하고 강한 일회성 울음소리를 낸다. 하나의 음절은 0.9초간 유지되며 주파수 영역대는 7 ~ 21㎑이다.

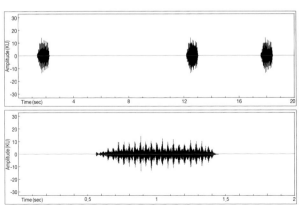

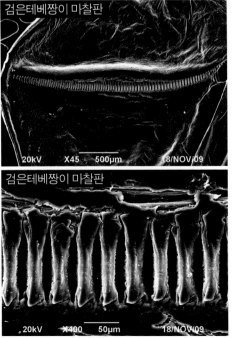

검은테베짱이 마찰판

20kV X45 500㎛ 18/NOV/09

검은테베짱이 마찰판

20kV X400 50㎛ 18/NOV/09

검은테베짱이 암컷 2009. 9. 16. 제주도 성판악. ↘
검은테베짱이 수컷 2009. 9. 16. 제주도 성판악. ↑,
앞가슴등판에 짙은 테두리가 있다.

형태　녹색이다. 더듬이는 어두운 적색이며 기부로 가면서 연해진다. 앞가슴등판 뒷가두리를 따라 짙은 띠무늬가 있다. 앞날개 기부 전연맥부는 적색을 띤다. 두정돌기는 작은 삼각형이며 세로홈이 있다. 앞가슴등판 전부는 좁고 후부에서 점차 넓어진다. 앞날개는 후퇴절 끝을 넘으며 끝으로 가면서 평행하게 좁아지고 날개 끝은 완만하게 뾰족하다. 뒷날개는 앞날개보다 약간 뒤로 나온다. 후퇴절에 아랫면 가시가 있다. 수컷의 왼쪽 앞날개 기부는 볼록하게 튀어나온다. 마찰판은 약하게 굽으며 마찰돌기는 약 85개로 빽빽한 빗살형으로 배열한다. 복부 말단 등판은 완만하고 항상판은 사각형이다. 미모는 기부 폭보다 4배 이상 길고 안으로 굽으며 끝은 날카로운데, 전체에 과립상이 있다. 윗면 중간에 말단부보다 짧은 날카로운 1개의 내치가 있다. 아생식판은 기부 폭보다 1.5배 길고 말단으로 가면서 좁아지는데 뒷가두리는 넓게 V자로 파인다. 선단엽은 뾰족하고 안으로 향하는 짧은 미돌기가 있는데 미모를 넘지 않는다. 암컷 산란관은 중간 폭보다 4배 길고 위로 굽는다. 양면과 말단 절반의 가장자리는 무딘 톱니가 발달하며 끝은 뾰족하다. 아생식판은 기부 폭보다 짧은 사다리꼴이며 측연은 오목하다.

검은테베짱이 암컷 2009. 9. 16. 제주도 성판악. ↘
검은테베짱이 수컷 2009. 9. 16. 제주도 성판악. ↑

베짱이붙이 = 어리베짱이, 과수여치

Holochlora japonica Brunner von Wattenwyl 1878

분포 한반도 남부 지방(제주도 포함). 국외 : 일본, 대만, 중국, 하와이(유입).

서식처 낮은 풀밭이나 관목 위에 드물게 나타난다.

성충기 8 ~ 10월.

길이 머리에서 날개 끝까지 ♂ 42 ~ 46㎜, ♀ 55 ~ 60㎜.

울음소리 수컷의 울음소리는 짧아서 인식하기 어렵다. 다른 수컷과 함께 있을 경우 경쟁적으로 '시쯔, 시쯔, 시쯔' 하는 짧은 공격음을 낸다. 주파수 영역대는 5 ~ 35㎑이다.

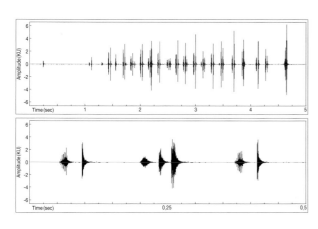

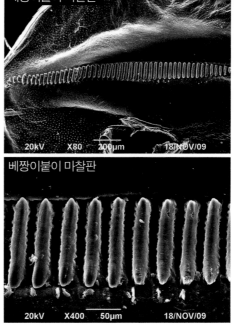

베짱이붙이 마찰판

베짱이붙이 마찰판

형태　녹색이다. 앞날개 기부 전연맥부는 옅은 백색을 띤다. 두정돌기는 더듬이 자루마디보다 좁고 결절이 있다. 앞가슴등판 앞가두리는 약간 오목하며 뒷가두리는 둥글고 볼록하다. 측엽은 높이보다 짧고 뒷가두리는 S자로 굽는다. 앞날개 경분맥은 4개이다. 뒷날개는 앞날개보다 약간 길게 뒤로 나온다. 수컷의 왼쪽 기부 마찰기구의 가장자리는 볼록하다. 마찰판은 거의 직선상이며 약 50개의 마찰돌기로 구성되어 있다. 복부말단 등판은 긴 사각형으로 뒷가두리는 절단상이며 중앙에서 선명하게 두 조각으로 갈라진다. 미모는 단순히 뾰족하고 끝은 안으로 굽으며 복부말단 등판으로 전체가 가려진다. 아생식판은 기부에서 1/3 지점부터 점차 좁아지며 평행하다 복부말단 등판을 약간 넘으며 뒷가두리는 V자로 짧게 파인다. 미돌기는 평평하고 짧은 원통형이다. 암컷 산란관은 자줏빛으로 짧고 기부 폭이 넓으며 끝은 약한 절단상이다. 말단부 절반에 점각이 발달하고 윗면 전체와 아랫면 1/3 가장자리는 톱니가 있다. 아생식판은 삼각형으로 돌출하며 중앙융기선이 뚜렷하다.

베짱이붙이 수컷 2010. 9. 19. 전남 여수

① 베짱이붙이 암컷 2010. 10. 3. 경남 거제도
② 베짱이붙이 수컷 2010. 9. 19. 전남 여수
③ 베짱이붙이 암컷의 산란관 2010. 10. 3. 경남 거제도

날베짱이

Sinochlora longifissa (Matsumura and Shiraki 1908)

분포 한반도 전역. 국외 : 일본, 중국.

서식처 물가나 계곡 주변의 풀밭 또는 관목 위에 흔하며 야간에 불빛에 잘 날아든다.

성충기 7 ~ 10월.

길이 머리에서 날개 끝까지 ♂ 45 ~ 55㎜, ♀ 53 ~ 58㎜.

울음소리 수컷은 어두운 낮이나 야간에 '딱딱딱딱딱-' 하듯 짧은 소리를 빠르게 연속해서 낸다. 약 2 ~ 2.5초 사이에 5 ~ 12회의 단위음절을 반복한다. 주파수 영역대는 7 ~ 17㎑이다.

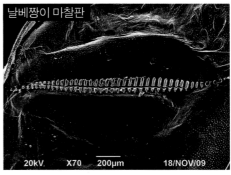

날베짱이 마찰판

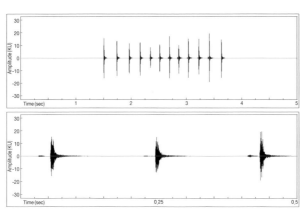

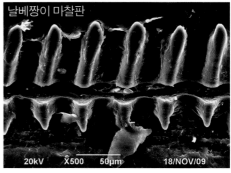

날베짱이 마찰판

유충   몸은 녹색, 겹눈은 청색이며 어린 유충은 몸 옆에 약한 흑색 점무늬가 있다.

형태   선명한 녹색이다. 앞날개 기부 전연맥은 백색이고 바깥 테두리는 검다. 전퇴절은 붉은 색이
며 후퇴절 아랫면 가시는 뚜렷이 검다. 산란관은 갈색이며 가장자리는 흑색이다. 두정돌기
는 더듬이 자루마디보다 좁고 이마돌기와 분리된다. 앞가슴등판 측엽은 높이보다 짧고 뒷가
두리는 S자로 굽는다. 뒷날개는 앞날개보다 약간 길게 뒤로 나온다. 수컷의 왼쪽 기부 마찰
기구의 가장자리는 밋밋하다. 마찰판은 직선상이며 상하 2열로 쪼개져 배열한다. 마찰돌기
는 막대 모양이며 약 40개로 이루어져 있다. 복부말단 등판은 큰 사각형 모양의 가운데 조각
과 양측에서 돌출한 엽조각으로 이루어진다. 미모는 단순하게 길지만 복부말단 등판을 넘지
않는다. 아생식판은 기부 폭보다 3배 더 길고 좁으며 복부말단 등판을 넘으며 위로 굽는데,
기부 1/3 지점에서 두 조각으로 나뉘고 끝에 매우 짧은 원형의 미돌기가 있다. 암컷 산란관
은 위로 굽으며 말단부 1/3은 점각이 발달한다. 윗면 말단부는 뚜렷한 절단상으로 톱니가 발
달하고 아랫면은 말단부 근처에만 톱니가 있다. 아생식판은 삼각형이며 뒷가두리는 V자로
뾰족하게 파인다.

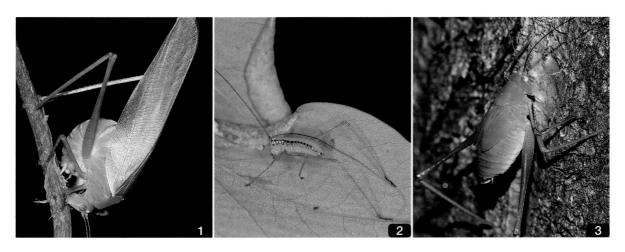

① 죽은 가지에 산란하고 있는 날베짱이 암컷 2009. 9. 1. 경기 고양 화정동
② 날베짱이 어린 유충 2007. 5. 27. 서울 북한산
③ 날베짱이 종령 유충 2006. 8. 9. 서울 북한산

④ 날베짱이는 야간에 불빛에 잘 날아다닌다. 2006. 9. 2. 경기 포천 광릉
⑤ 날베짱이 수컷 2010. 9. 16. 경남 산청 지리산 왕등재
⑥ 날베짱이 암컷 2009. 9. 30. 충북 영동 민주지산, 앞다리 넓적다리마디가 붉다.

4

5 6

Ⅳ. 철써기(아과) Subfamily Mecopodinae

 몸길이 30㎜ 이상의 대형종으로 넓적한 잎사귀 모양을 의태하였다. 머리는 짧고 수직상이며 두정돌기는 크고 둥글다. 앞가슴복판에 긴 가시모양의 돌기가 발달한다. 전경절 고막은 크고 둥글게 열려 있다. 특히 수컷의 앞날개는 크고 넓적하며 기부에 잘 발달한 마찰기관을 갖추고 있다. 암컷의 산란관은 긴 칼 모양으로 약간 위로 굽으며 땅속에 알을 낳는다.

철써기 = 넓적머리여치

Mecopoda niponensis (De Haan 1842)

분포 한반도 서남부 지방. 국외 : 일본, 중국.

서식처 해안가, 계곡, 물가 주변 풀밭에 드물게 나타난다.

성충기 8~10월.

길이 머리에서 날개 끝까지 ♂ 44~54㎜, 우 53~60㎜, 산란관 33㎜.

울음소리 수컷은 낮에는 덤불 사이에 몸을 숨기고 있다 해가 지고 어두워지는 8시 무렵부터 '가차가차가차가차…' 하는 연속음으로 매우 크고 시끄럽게 울어댄다. 음향신호는 단위음절의 단순반복으로 1분 이상 계속 동일하게 반복된다. 주파수 영역대는 2~12㎑이며 단위음절은 0.08초로 이루어진다.

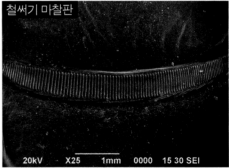

철써기 마찰판

철써기 마찰판

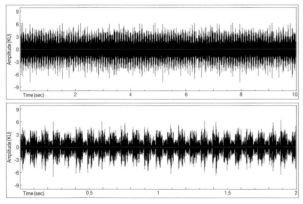

유충 어린 유충은 약한 흰색 반점이 있으며 특히 양 겹눈 사이가 멀고 두정돌기가 넓적하므로 구별이 가능하다.

형태 녹색형과 갈색형이 있다. 더듬이 색은 연하고 옅은 마디무늬가 있다. 두정돌기, 앞가슴등판 측융기선은 연한 황색이며 측엽 상부는 검지 않다. 앞가슴등판은 전퇴절보다 짧으며 앞가두리는 절단상이고 뒷가두리는 넓어져 둥글게 볼록하다. 측엽은 높이보다 짧고 뒷가두리는 약간 S자로 굽는다. 수컷의 앞날개는 후퇴절 말단에 이르며 끝은 넓적하게 둥글다. 마찰판은 크고 넓적하며 약 100개의 빽빽한 마찰돌기로 이루어져 부드럽게 U자로 굽는다. 마찰돌기는 길쭉한 막대 모양이며 주름이 잡혀 있다. 배 등판 중앙융기선은 뚜렷하고 각 등판의 뒷가두리는 뾰족하게 튀어나온다. 항측판에 작은 가시가 발달한다. 미모는 긴 원뿔형이며 안으로 굽는데 끝은 둥글게 안을 향하며 작은 갈고리 이빨을 이룬다. 전체에 과립이 있다. 아생식판은 미모를 넘으며 훨씬 길고 끝을 향해 좁아지며 기부로부터 2/3 지점에서 두 조각으로 절단된다. 미돌기는 매우 작다. 암컷 앞날개는 수컷보다 상대적으로 좁고 길다. 산란관은 직선의 칼 모양이며 약간 위로 향해 굽는다.

철써기 유충 2005. 4. 2. 부화. ↑
넓적한 철써기 머리 2010. 9. 27. 경남 하동 지리산. →

① 철써기 암컷 갈색형 2008. 9. 24. 전
　남 완도
② 철써기 수컷 2009. 9. 25. 경남 거제도
③ 철써기 알 2004. 9. 22. 전남 백양사

Ⅴ. 쌕쌔기(아과) Subfamily Conocephalinae

Ⅴ-1. 쌕쌔기(족) Tribe Conocephalini

머리 모양은 전형적으로 뾰족한 원추형이거나 강하게 기울어졌다. 전경절 고막은 가늘게 찢어진 틈새 모양이다. 산란관은 길고 뾰족한 칼 모양이다. 소형에서 중형으로 크기는 다양하며 쌕쌔기족(Conocephalini)에는 특히 두정돌기가 좁은 소형종들이 속한다. 낮에는 풀줄기에 붙어 위장하고 있으며 야간에 풀씨나 새순을 갉아먹는다. 수컷은 밤낮을 가리지 않고 울음소리를 낸다. 암컷은 풀줄기 속에 산란관을 깊이 찔러 알을 낳는다.

쌕쌔기속(*Conocephalus*) 검색표	
1 ┬ 앞가슴복판 돌기가 없다. 수컷 미모의 내치는 2개다.	☞ 대나무쌕쌔기
└ 앞가슴복판 돌기가 있다. 수컷 미모의 내치는 1개다.	☞ 2
2 ┬ 앞날개 경맥부에 규칙적인 흑색 점렬이 있다.	☞ 점박이쌕쌔기
└ 앞날개 경맥부에 흑색 점렬이 없다.	☞ 3
3 ┬ 후퇴절 아랫면에 가시가 있다.	☞ 좀쌕쌔기
└ 후퇴절 아랫면에 가시가 없다.	☞ 4
4 ┬ 두정돌기 윗면 폭은 아랫면과 비슷하며 좁게 돌출한다. 산란관은 후퇴절보다 짧다.	☞ 쌕쌔기
└ 두정돌기 윗면 폭은 아랫면보다 2배 더 넓으며 뭉툭하다. 산란관은 후퇴절보다 길다.	☞ 긴꼬리쌕쌔기

대나무쌕쌔기　　점박이쌕쌔기　　좀쌕쌔기　　쌕쌔기　　긴꼬리쌕쌔기

수컷의 미모 비교

쌕 쌔 기 = 가는여치

Conocephalus chinensis (Redtenbacher 1891)

분포   한반도 전역(울릉도, 제주도 포함). 국외 : 일본, 중국 북동부, 극동러시아.

서식처   경작지, 습지, 하천변의 풀밭에 매우 흔하다.

성충기   6 ~ 11월. ※ 지역에 따라 연 2회 출현한다.

길이   머리에서 날개 끝까지 15 ~ 25㎜, 산란관 7㎜.

울음소리   수컷은 주로 낮에 풀줄기에 붙어 울며 소리는 가늘고 약한 편으로 연속 반복음을 1분 이상 되풀이한다. 하나의 단위음절은 0.04초로 이루어지며 초당 25 ~ 26번 반복한다. 하나의 곡 사이 간격은 불규칙적이다. 주파수 영역대는 12 ~ 21㎑이다.

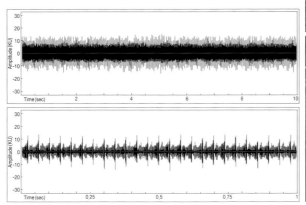

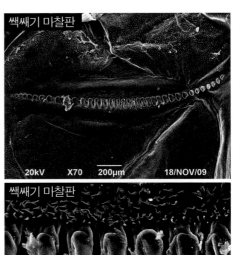

유충   쌕쌔기류의 유충은 서로 상당히 비슷하지만, 쌕쌔기는 특히 두정돌기가 가장 좁고 산란관이 짧으므로 구별할 수 있다.

형태   연한 녹색이다. 더듬이는 연한 홍색이며 겹눈은 황백색이다. 두정돌기와 두정, 앞가슴등판 윗면은 옅은 갈색이며 양측 가장자리는 백색이다. 앞날개는 옅은 녹색이고 접합부는 갈색이다. 뒷날개 전연맥부는 황색이다. 두정돌기는 더듬이 자루마디보다 1/3 수준으로 좁게 돌출하며 윗면 폭은 아랫면 폭보다 약간 넓다. 앞날개는 후퇴절 끝을 넘고 폭은 거의 평행하다가 좁아진다. 뒷날개는 앞날개보다 길게 뒤로 나온다. 앞가슴복판 돌기가 있고 후퇴절 아랫면 가시는 없다. 수컷의 왼쪽 기부 마찰기구의 가장자리는 둥글게 돌출한다. 마찰판은 약하게 U자형으로 굽으며 약 35개의 마찰돌기로 이루어진다. 중앙부 마찰돌기는 기부와 가장자리 돌기에 비해 가늘고 좁은 타원형이다. 미모는 가늘고 긴 원뿔형이며 중간 약간 너머에 1개의 내치가 있다. 내치 길이는 나머지 말단부보다 약간 짧고 가늘다. 아생식판 뒷가두리는 가운데가 약간 오목하다. 암컷 산란관은 후퇴절의 1/3 길이로 짧은 단검 모양이며 약간 위로 굽고 뒷날개를 넘지 않는다.

쌕쌔기 수컷 2005. 9. 4. 전남 순천 동천내

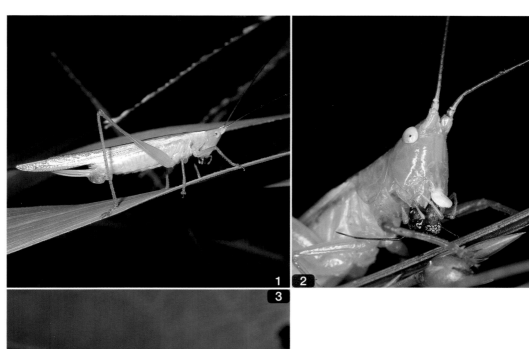

① 쌕쌔기 암컷 2005. 9. 3. 전남 순천 동천내, 배 끝에 정
　자주머니를 달고 있다.
② 작은 거미를 잡아먹고 있는 쌕쌔기 2006. 7. 22. 충남
　태안 바람아래 해변
③ 쌕쌔기 종령 유충 2007. 8. 2. 경기 연천 동막골

좀쌕쌔기 = 작은날개가는여치

Conocephalus japonicus japonicus (Redtenbacher 1891)

분포   한반도 중북부 지방. 국외 : 일본, 중국, 대만. ※ 극동러시아에는 아종 *japonicus minutus*가 분포한다.

서식처   경작지, 물가, 습지, 논 주변 풀밭에 드물게 나타난다.

성충기   8 ~ 11월.

길이   머리에서 배 끝까지 ♂ 14 ~ 16㎜, ♀ 17 ~ 22㎜, 산란관 15 ~ 20㎜.

울음소리   수컷은 낮에 풀에 붙어 뚜렷한 곡을 반복하며 곡 사이의 간격은 변화가 있다. 주파수 영역대는 12 ~ 24㎑이며 한 음절은 0.14초로 이루어진다.

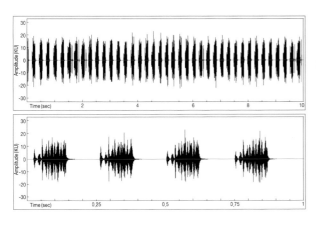

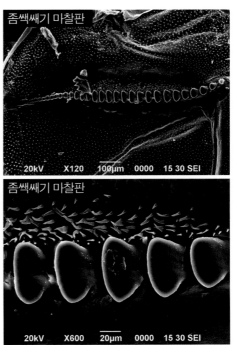

좀쌕쌔기 마찰판

좀쌕쌔기 마찰판

형태 갈색형과 녹색형, 중시형과 장시형이 있다. 두정돌기, 두정, 앞가슴등판 윗면은 짙은 갈색이
다. 앞가슴등판 측엽에 불분명한 갈색무늬가 나타난다. 배 윗면은 갈색이다. 두정돌기는 옆
에서 볼 때 약간 위로 향하고 선단은 절단되며 윗면 폭은 아랫면 폭보다 약간 더 넓다. 앞가
슴복판 돌기가 있다. 앞날개는 배 중간을 약간 넘는 중시형이나 드물게 장시형이 나타난다.
뒷날개는 앞날개 뒤로 나오지 않는다. 후퇴절 아랫면 말단부에 가시가 있다. 수컷의 왼쪽 앞
날개 기부 마찰기구의 가장자리는 완만하다. 마찰판은 약하게 S자로 굽으며 약 30개의 마찰
돌기로 이루어져 있다. 중앙부 마찰돌기는 크고 둥근 타원형이다. 미모는 원뿔형이나 말단
부에서 상하로 넓적하며 중간 약간 너머에 안으로 굽는 1개의 내치가 있다. 내치는 나머지
말단부보다 가늘고 짧다. 아생식판은 폭이 넓고 뒷가두리 중앙은 오목하다. 암컷 산란관은
갈색이며 후퇴절보다 약간 길고 약간 위로 굽는다.

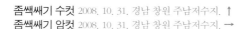
좀쌕쌔기 수컷 2008. 10. 31. 경남 창원 주남저수지. ↑
좀쌕쌔기 암컷 2008. 10. 31. 경남 창원 주남저수지. →

긴꼬리쌕쌔기 = 긴꼬리가는여치

Conocephalus exemptus (Walker 1869)

분포 한반도 전역(제주도 포함). 국외 : 일본, 중국.

서식처 강변, 논밭, 산길 주변의 풀밭에 매우 흔하다.

성충기 7 ~ 10월.

길이 머리에서 날개 끝까지 25 ~ 32㎜, 산란관 26 ~ 30㎜.

울음소리 수컷은 풀에 붙어 '칫- 칫- 칫-'하는 규칙적으로 뚜렷한 곡을 반복한다. 주파수 영역대는 10 ~ 20㎑이며 한 곡은 대략 0.3초 동안 유지되며 10 ~ 12개의 단위음절로 구성되는데, 단위음절은 다시 0.027초로 이루어진다.

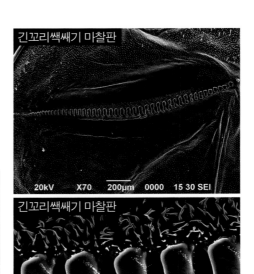

긴꼬리쌕쌔기 미찰판

긴꼬리쌕쌔기 미찰판

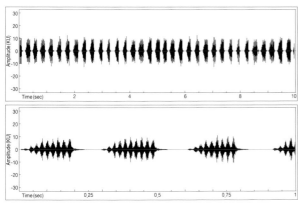

유충   얼굴과 몸 옆면에 옅은 띠무늬가 있다.

형태   녹색형과 갈색형이 있다. 몸 옆은 녹색이고 두정돌기, 두정과 앞가슴등판 윗면은 갈색이다.
두정돌기 윗면 폭은 아랫면 폭의 2배이며 뭉뚝하다. 앞가슴등판 측엽 후측각은 돌출한다.
앞날개는 몸보다 길고 폭은 기부 중간에서 약간 넓으며 점차 좁아진다. 뒷날개는 앞날개 뒤
로 거의 나오지 않는다. 앞가슴복판 돌기가 있고 후퇴절 아랫면 가시는 없다. 수컷의 왼쪽
앞날개 기부 마찰기구의 가장자리는 직선상으로 길다. 마찰판은 약하게 U자로 굽으며 약
45 ~ 50개의 마찰돌기로 이루어져 있다. 중앙부 마찰돌기는 가운데 오목하게 파인 모양이
다. 미모는 말단부가 매우 가늘어지며 바깥쪽으로 부드럽게 굽고 중간에 안으로 약간 굽어
진 1개의 원뿔형 내치가 있다. 내치는 나머지 말단부보다 폭이 넓고 두껍다. 아생식판은 폭
이 넓고 뒷가두리는 약간 오목하다. 암컷 산란관은 몸보다 길고 갈색이며 곧거나 약간 굽
는다.

울음소리를 내고 있는 수컷 2007. 8. 11. 제주도 관음사

① 이삭을 갉아먹는 암컷 2008. 9. 24. 전남 완도
② 물에 빠진 채 벼메뚜기 유충을 잡아먹는 긴꼬리쌕쌔기
　　2007. 8. 11. 충남 태안 기지포 해변
③ 유충 2007. 7. 14. 강원 강릉 퇴곡

점박이쌕쌔기 = 별가는여치

Conocephalus maculatus (Le Guillou 1841)

분포   한반도 전역(제주도 포함). 국외 : 일본, 중국, 대만, 필리핀, 인도네시아, 오스트레일리아, 아
프리카. ※ 구대륙 열대 지방에 널리 분포한다.

서식처   주로 도시 공원의 잔디밭이나 무덤가 풀밭 등 교란된 환경에 잘 나타난다.

성충기   6 ~ 11월. ※ 지역에 따라 연 2회 출현한다.

길이   머리에서 날개 끝까지 19 ~ 27㎜, 산란관 7 ~ 10㎜.

울음소리   수컷은 풀줄기에 붙어 밤낮으로 약한 반복음을 낸
다. 하나의 단위음절은 0.15초간 이루어지며 빠르게
반복한다. 곡조 간격은 불규칙적이다. 주파수 영역
대는 10 ~ 20㎑이다.

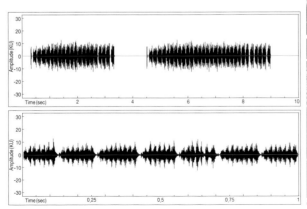

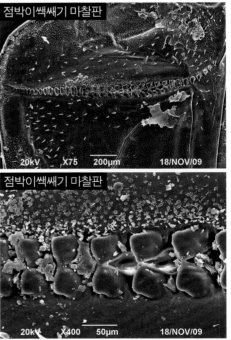

점박이쌕쌔기 마찰판

점박이쌕쌔기 마찰판

형태 녹색형과 갈색형이 있다. 두정돌기, 두정, 앞가슴등판 윗면은 짙은 흑갈색이며 테두리는 황백색이다. 두정돌기는 윗면 폭이 아랫면 폭의 2배에 달한다. 앞가슴복판 돌기가 있다. 앞날개 길이는 보통 후퇴절 끝을 넘으며 경맥부에 평행하게 배열하는 뚜렷한 흑색 점렬이 있다. 뒷날개는 앞날개보다 길게 뒤로 나온다. 후퇴절 아랫면 가시는 없다. 수컷의 왼쪽 기부 마찰기구의 가장자리는 밋밋한 직선상이다. 마찰판은 약 35개의 마찰돌기로 이루어져 있으며 거의 직선상으로 배열한다. 중앙부 마찰돌기는 가운데가 오목하게 파진 이중돌기 모양이며 기부쪽 마찰돌기는 쐐기꼴이다. 미모는 말단부에서 약간 좁아지고 중간에서 기부 쪽에 위치한 1개의 원뿔형 내치가 있다. 내치는 나머지 말단부보다 가늘고 짧다. 암컷 산란관은 후퇴절보다 짧고 곧으며 약간 위로 굽는다.

① 수컷 2006. 11. 5. 경기 고양
② 암컷 2009. 9. 29. 경기 고양. **짝짓기 후 배 끝에 정자주머니를 달고 있다.**
③ 암컷 갈색형 2007. 8. 11. 충남 태안 기지포 해변

대나무쌕쌔기

Conocephalus bambusanus Ingrisch 1989

분포 한반도 서남부 지방. 국외 : 일본, 베트남, 태국.

서식처 대나무 숲이 우거진 곳에 드물게 나타나며 대나무 가지의 새순을 뜯어 먹고 산다.

성충기 8 ~ 10월.

길이 머리에서 배 끝까지 17 ~ 18㎜(장시형은 날개 끝까지 33㎜), 산란관 9 ~ 10㎜.

울음소리 수컷은 밤낮으로 대나무 가지 위에 붙어 운다. 5 ~ 6개로 이루어진 짧은 음절을 빠르게 반복하며 하나의 곡은 0.6초간 유지된다. 곡 사이에 대략 2초의 간격이 있지만 불규칙적이다. 주파수 영역대는 10 ~ 24㎑이다.

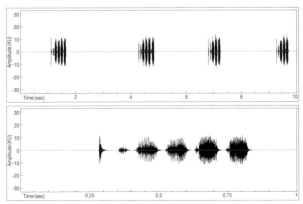

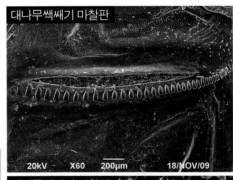

대나무쌕쌔기 마찰판

20kV X60 200㎛ 18/NOV/09

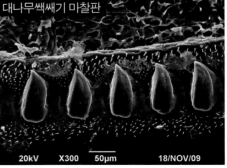

대나무쌕쌔기 마찰판

20kV X300 50㎛ 18/NOV/09

수컷 2009. 10. 17. 전남 담양 창평

① 대나무순을 갉아먹는 암
　컷 2009. 10. 16. 전남 담
　양 창평
② 대나무쌕쌔기 암컷의 독
　특한 산란 자세 2009.
　10. 16. 전남 담양 창평.
　대나무 가지 끝을 알맞
　은 길이로 잘라 그 속에
　산란한다.
③ 암컷 장시형 2010. 9. 9.
　경남 사천
④ 유충 2009. 7. 29. 전남 담
　양 창평

형태　녹색형과 갈색형, 중시형과 장시형이 있다. 배 윗면 중심부는 갈색이다. 두정돌기는 옆에서
　　　볼 때 약간 아래를 향하며 더듬이 자루마디보다 1.5배 좁은 원통형이다. 앞가슴등판은 머리
　　　에 비해 상대적으로 짧고 측엽은 길이보다 1.5배 높다. 뒷날개는 장시형에서 앞날개보다 길
　　　게 뒤로 나온다. 마찰판은 부드럽게 U자로 굽으며 기부에서 가장자리로 가면서 마찰돌기 크
　　　기가 점점 커진다. 35개의 마찰돌기가 성기게 배열하며 중앙부 마찰돌기는 쐐기꼴 모양이
　　　다. 앞가슴복판 돌기는 없다. 중퇴절, 후퇴절 아랫면에 가시가 있다. 수컷 미모의 내치는 2개
　　　이며 말단 내치가 더 길다. 말단부는 거의 곧으나 바깥쪽으로 약간 굽는다. 아생식판은 넓게
　　　파이며 미돌기는 짧다. 암컷 산란관은 후퇴절보다 짧고 중간에서 약간 넓어진다. 아생식판
　　　은 사다리꼴이다.

Ⅴ. 쌕쌔기(아과) Subfamily Conocephalinae

Ⅴ-2. 매부리(족) Tribe Copiphorini

쌕쌔기아과(Conocephalinae)에서 대형종들이 속하는 그룹이다. 두정돌기가 크게 잘 발달하여 쌕쌔기아과와 별도로 독립된 매부리아과(Copiphorinae)로 간주되기도 한다. 머리는 원뿔형이며 급경사를 이룬다. 바랭이, 강아지풀 등 벼과 식물의 씨앗을 갉아먹거나 작은 곤충을 잡아먹는 잡식성이다. 수컷은 대부분 야간에 연속적인 울음소리를 내며 암컷은 식물의 잎자루 부근에 산란관을 찔러 알을 낳는다. 일부 종은 한반도 남부지방 해안가 풀밭에서 성충으로 월동한다.

매부리속(*Ruspolia*) 검색표

1 ┬ 전경절, 중경절 내외측은 흑갈색이다.
　　　앞날개 끝은 둔하게 절단된다. 　　　　　　　☞ 매부리
　└ 전경절, 중경절 내외측은 체색과 동일하다.
　　　앞날개 끝은 뾰족하게 좁아진다. 　　　　　　☞ 2
2 ┬ 두정돌기 윗면 폭은 더듬이 자루마디의 1.5배이다.
　　　산란관은 후퇴절보다 짧다. 　　　　　　　　☞ 애매부리
　└ 두정돌기 윗면 폭은 더듬이 자루마디의 2.0배이다.
　　　산란관은 후퇴절보다 길다. 　　　　　　　　☞ 왕매부리

매부리 = 매붙이, 풀여치

Ruspolia lineosa (Walker 1869)

분포 한반도 전역(제주도 포함). 국외 : 일본, 중국, 대만, 인도, 인도네시아.

서식처 논밭 주변, 습지, 하천 제방 등 주로 저지대 풀밭에 매우 흔하다.

성충기 7 ~ 10월.

길이 머리에서 날개 끝까지 40 ~ 55㎜, 산란관 22 ~ 27㎜.

울음소리 수컷은 한밤중에 풀밭에서 '지이-'하는 단순 반복음을 지속한다. 주파수 영역대는 12 ~ 21㎑ 이며 단위음절은 0.007초로 이루어진다.

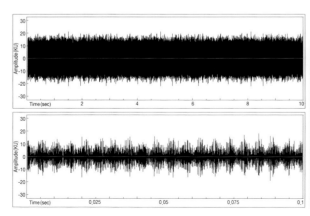

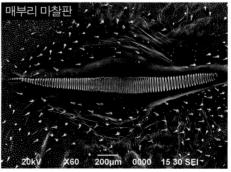

매부리 마찰판

20kV   X60   200㎛   0000   15 30 SEI

형태 녹색형과 갈색형이 있다. 겹눈에는 희미한 세로 줄무늬가 있다. 두정돌기 선단은 황백색을 띤다. 두정돌기는 길이보다 넓고 둥글며 더듬이 자루마디를 약간 넘어 돌출하는데 윗면 폭은 더듬이 자루마디의 2배이다. 입틀 주변은 녹색형에서 황색, 갈색형에서 적색을 띤다. 앞날개에 작은 흑색 점렬이 불규칙하게 흩어져 있다. 전경절, 중경절의 안쪽과 바깥쪽은 흑색이다. 앞날개는 후퇴절 끝을 넘으며 끝은 절단상이다. 후퇴절의 아랫면 전체에 다수의 가시가 있다. 수컷 왼쪽 앞날개 기부 마찰기구의 가장자리는 거의 밋밋한 직선형이다. 마찰판은 거의 직선상이며 중앙부는 굵고 양쪽 가장자리는 가늘어진다. 약 90개의 마찰돌기가 가운데 부분에서는 빽빽하고 가늘게 양쪽 가장자리에서는 성기고 굵게 배열한다. 암컷 산란관은 후퇴절과 길이가 비슷하며 거의 직선상으로 곧고 끝은 뾰족하다.

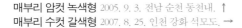

매부리 암컷 녹색형 2005. 9. 3. 전남 순천 동천내. ↑
매부리 수컷 갈색형 2007. 8. 25. 인천 강화 석모도. →

애매부리 = 애매붙이, 애기풀여치

Ruspolia dubia (Redtenbacher 1891)

분포   한반도 전역(울릉도 포함). 국외 : 일본, 중국 북동부, 극동러시아.

서식처   주로 중고산지 풀밭에 서식한다.

성충기   7 ~ 10월.

길이   머리에서 날개 끝까지 33 ~ 52㎜, 산란관 23 ~ 32㎜.

울음소리   수컷은 한밤중에 풀밭에 숨어 단위음절을 단순 반복하며 간격이 없다. 매부리 소리와 거의 비슷하다. 주파수 영역대는 12 ~ 18㎑이며 단위음절은 0.006초로 이루어진다.

유충   매부리와 비슷하지만 각 경절은 퇴절과 같은 색이며 앞가슴등판 측융기선의 세로 줄무늬가 발달한다.

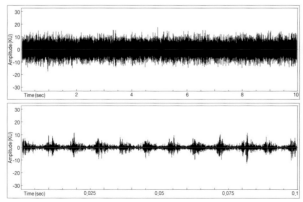

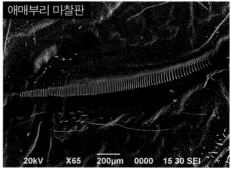

애매부리 미찰판

20kV   X65   200㎛   0000   15 30 SEI

형태   녹색형과 갈색형이 있다. 겹눈의 후부와 앞가슴등판 윗면 측융기부에 황색선이 있다. 입틀은 황색이고 큰턱은 암갈색이다. 갈색형의 앞날개에는 작은 흑색 점렬이 있다. 다리는 체색과 동일하다. 두정돌기 선단은 둥글고 더듬이 자루마디보다 약간 더 길게 돌출하며 윗면 폭은 더듬이 자루마디의 1.5배이다. 앞날개는 후퇴절 끝을 넘으며 끝은 뾰족하고 둥글다. 전경절, 중경절의 아랫면 안쪽에 5~7개, 바깥쪽에 6~8개의 가시가 있다. 후퇴절 말단부 아랫면 안쪽에 1~3개, 바깥쪽에 6~8개의 가시가 있다. 수컷 왼쪽 앞날개 기부 마찰기구의 가장자리는 둥글게 돌출한다. 마찰판은 거의 직선상이며 약 100개의 마찰돌기가 빽빽하게 배열해 있다. 암컷 산란관은 갈색으로 후퇴절과 비슷하거나 약간 더 길며 약하게 위로 굽는다.

야간에 울고 있는 수컷 2007. 9. 29.
인천 연평도

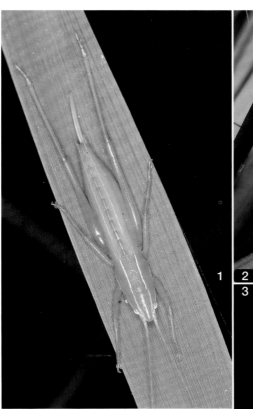

① 애매부리 유충 2007. 7. 14. 강원 강릉
② 암컷 갈색형 2006. 10. 3. 강원 화천 해산령
③ 우화 2006. 8. 6. 경기 파주 보광사

왕매부리

Ruspolia interrupta (Walker 1869)

분포   한반도 중남부 지방(제주도 포함). 국외 : 일본, 인도.

서식처   논밭 주변, 산간 가장자리 풀밭에 드물게 나타난다.

성충기   7 ~ 10월.

길이   머리에서 날개 끝까지 48 ~ 64㎜, 산란관 32 ~ 37㎜.

울음소리   수컷은 야간에 풀줄기 위에 거꾸로 매달려 짧게 끊어지는 연속음을 반복한다. 다른 매부리속(*Ruspolia*) 종들과는 소리가 전혀 다르며 오히려 중베짱이속(*Tettigonia*)의 울음소리와 비슷하지만, 소리가 가늘고 높다. 주파수 영역대는 7 ~ 14㎑이며 초당 14회 단위음절을 반복한다.

유충   애매부리와 비슷하다.

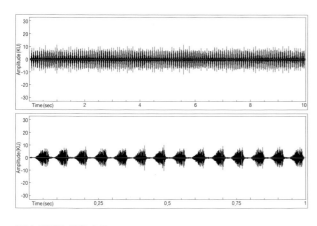

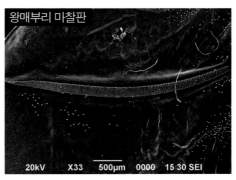

왕매부리 미찰판

20kV   X33   500㎛   0000   15 30 SEI

형태　녹색형과 갈색형이 있다. 앞가슴등판 측융기부는 밝은 담색이다. 전경절, 중경절은 체색과 동일하다. 두정돌기는 더듬이 자루마디 사이로 뚜렷이 돌출하며 위에서 볼 때 더듬이 자루마디 폭보다 2배 더 넓다. 앞가슴등판 앞가두리는 평행하고 뒷가두리는 둥글게 볼록하다. 측엽은 높이보다 약간 길다. 앞날개는 후경절 절반에 달하며 거의 평행하다가 끝은 뾰족하다. 중간에 1개의 경분맥이 있다. 전경절 아랫면에 6 ~ 7쌍, 중경절 아랫면에 8 ~ 9쌍, 후퇴절 아랫면에 5 ~ 8쌍의 가시가 있다. 수컷의 왼쪽 기부 마찰기구의 가장자리는 두드러지게 돌출한다. 마찰판은 길게 발달하고 부드럽게 U자형으로 굽는다. 마찰돌기는 약 180개로 이루어져 있다. 복부말단 등판은 넓게 절단되며 가운데는 오목하고 양 가장자리는 작은 삼각형으로 돌출한다. 미모는 원통형이며 2개의 내치가 있다. 아래 내치는 크고 더욱 안으로 굽으며 위의 내치는 절반 크기로 작으며 직각으로 위치한다. 아생식판은 삼각형으로 파이며 융기선이 뚜렷하다. 암컷 산란관은 후퇴절보다 길며 거의 직선이지만 중간 이후부터 약간 위로 볼록하고 두껍다. 아생식판은 사다리꼴이며 뒷가두리는 오목하다.

① 야간에 울고 있는 수컷 갈색형 2005. 8. 27. 충남 태안 학암포 해변
② 유충 2007. 7. 21. 경남 산청 지리산
③ 암컷 2007. 7. 21. 경남 산청 지리산

좀매부리
= 좀매붙이, 목매붙이, 뾰족머리여치
Euconocephalus varius (Walker 1869)

분포	한반도 서남부 지방(제주도 포함). 국외 : 일본, 중국.
서식처	섬이나 바닷가 풀밭에 서식한다.
성충기	성충은 연중 관찰되며 성충으로 월동한다.
길이	머리에서 날개 끝까지 57 ~ 65㎜, 산란관 19 ~ 20㎜.
울음소리	수컷은 한밤중에 풀밭 덤불에서 단순음절을 반복하며 음절 간격은 느껴지지 않는다. 주파수 영역대는 9 ~ 15㎑이며 단위음절은 0.01초로 이루어진다.

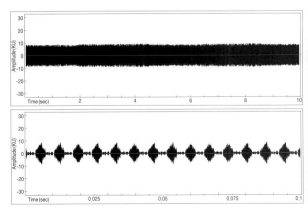

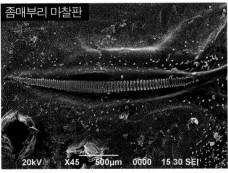

좀매부리 마찰판

20kV　X45　500㎛　0000　15 30 SEI

야간에 울고 있는 좀매부리 수컷 2008. 5. 16. 전남 신안 가거도. ↑
갈색형 수컷의 머리 2008. 5. 30. 전남 신안 우이도. →

형태　녹색형과 갈색형이 있다. 겹눈 위에는 세로 줄무늬가 있고 큰턱 주변은 적색이다. 앞가슴등판 측융기부에 연한 갈색선이 있다. 앞날개 전연맥은 흑색이며 안쪽으로 백색 부분이 있다. 복부등판 중앙은 적갈색이며 황색 테두리가 있다. 두정돌기는 신장하여 원뿔형이며 뒷머리 부분보다는 짧다. 선단은 뭉툭하고 아랫면에 약간의 융기선이 있으며 기부는 결절로 인해 분명히 각진다. 앞가슴등판 측융기부가 발달하며 가로홈은 미약하다. 앞가두리는 곧고 뒷가두리는 약간 둥글며 측엽 뒷가두리는 뚜렷하게 S자로 굽는다. 앞날개는 후경절 중간을 넘어 충분히 발달하고 끝은 약간 절단된다. 앞가슴복판 돌기는 길고 가늘다. 전퇴절과 중퇴절 아랫면에 몇 개의 작은 가시가 있다. 수컷의 왼쪽 앞날개 기부 마찰기구의 가장자리는 직선상이다. 마찰판은 약하게 U자로 굽으며 약 85개의 마찰돌기가 빽빽하게 배열해 있다. 복부말단 등판 뒷가두리 중앙은 오목하고 양 가장자리는 뾰족한 삼각형 엽을 이룬다. 미모는 짧은 원통형이며 과립이 있다. 윗면의 작은 내치와 아랫면의 내치는 모두 직각으로 안으로 굽었다. 암컷 산란관은 가운데가 약간 볼록하게 곧으며 후퇴절보다 짧다.

① 좀매부리 암컷 2006. 4. 30. 충남 태안 바람아래 해변
② 얼굴. 큰턱은 붉은색이다.

여치베짱이 = 큰여치

Pseudorhynchus japonicus Shiraki 1930

분포 한반도 남부 지방(제주도 포함). 국외 : 일본.

서식처 섬이나 해안가 억새밭에 드물게 나타나며 큰턱으로 억새 줄기를 뜯어먹고 산다.

성충기 8 ~ 10월.

길이 머리에서 날개 끝까지 60 ~ 74㎜, 산란관 40 ~ 44㎜.

울음소리 수컷은 야간에 억새 줄기 위에 올라와 '찌이이-' 하는 시끄럽고 강한 연속음을 낸다. 주파수 영역대는 7 ~ 12㎑이다.

유충 매부리족에서 크기가 가장 크며 암컷은 긴 산란관이 발달한다.

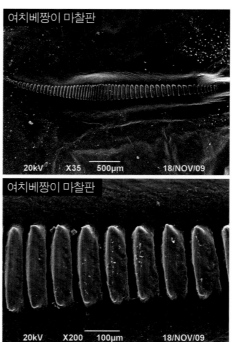

여치베짱이 마찰판

20kV X35 500㎛ 18/NOV/09

여치베짱이 마찰판

20kV X200 100㎛ 18/NOV/09

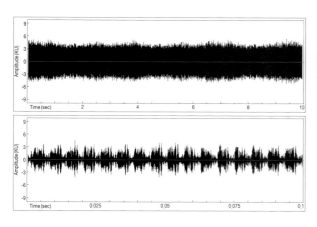

형태 대개 녹색형이며 드물게 갈색형이 나타난다. 입틀 주변, 앞가슴등판 양측, 앞날개 전연맥부
는 황색이다. 더듬이 윗면은 연녹색이고 아랫면은 검다. 두정돌기는 더듬이 자루마디를 겨
우 넘으며 날카롭게 뾰족하다. 융기선과 결절이 뚜렷하다. 이마는 뚜렷하게 경사지고 볼록
하다. 앞가슴등판 앞가두리는 곧고 뒷가두리는 약간 볼록하다. 측융기부는 곧고 측엽 뒷가
두리는 약간 S자로 굽는다. 앞날개는 후경절 절반을 넘으며 끝은 둥글게 좁다. 앞가슴복판
돌기가 있다. 각 다리는 짧은 편이고 후퇴절은 전퇴절보다 2배 길다. 후퇴절 아랫면 가시가
발달한다. 수컷의 왼쪽 앞날개 기부 마찰기구의 가장자리는 둥글게 돌출한다. 마찰판은 거
의 직선상으로 배열하며 가운데는 가늘고 빽빽하며 양쪽 가장자리는 성기고 굵다. 약 55개
의 마찰돌기가 있다. 복부말단 등판엽은 뾰족한 삼각형이며 분명한 세로 융기선이 있다. 미
모는 매우 넓고 내면에 깊은 도랑이 있으며 끝은 가시처럼 뾰족하고 직각으로 안으로 굽으
며 약간 아래로 향한다. 내치는 뚜렷이 길고 직각으로 위를 향한다. 아생식판은 짧고 미모와
비슷한 정도로 돌출하며 1쌍의 삼각형 선단엽을 이룬다. 미돌기는 비교적 길다. 암컷 산란
관은 후퇴절보다 길고 곧으며 말단부에서 약간 두꺼워진다.

여치베짱이 암컷 2009. 7. 30. 전남 여수 돌산

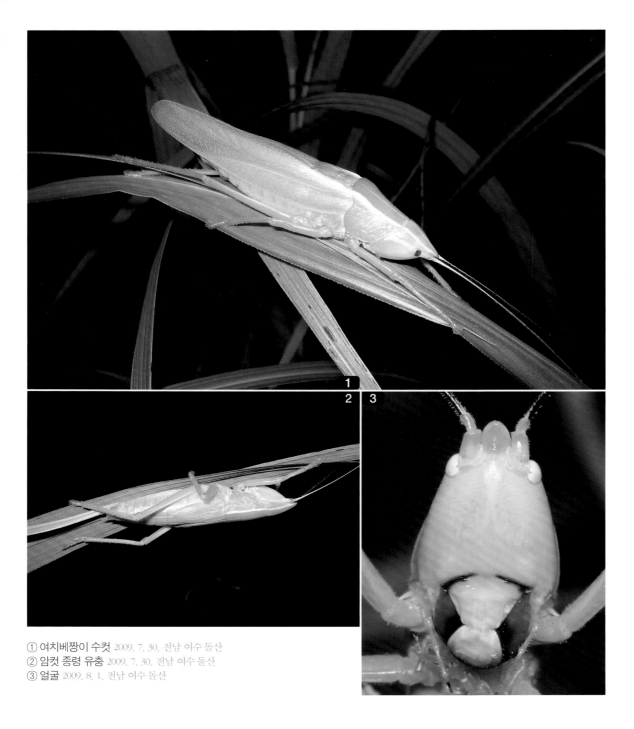

① 여치베짱이 수컷 2009. 7. 30. 전남 여수 돌산
② 암컷 종령 유충 2009. 7. 30. 전남 여수 돌산
③ 얼굴 2009. 8. 1. 전남 여수 돌산

꼬마여치베짱이 = 탐라매부리

Xestophrys javanicus Redtenbacher 1891

분포 한반도 서남부 지방(제주도 포함). 국외 : 일본, 인도네시아, 필리핀.

서식처 섬이나 해안가 풀밭에 드물게 나타난다.

성충기 성충은 연중 관찰되며 성충으로 월동한다.

길이 머리에서 날개 끝까지 43 ~ 50㎜, 산란관 13 ~ 14㎜.

울음소리 수컷은 야간에 풀이나 나무 위에 올라와 '찌이이-' 하는 강하고 높은 음을 낸다. 음절 간격은 느껴지지 않는다. 주파수 영역대는 7 ~ 12㎑이다.

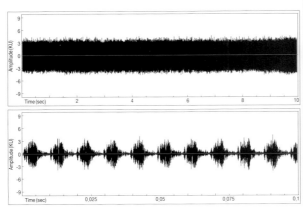

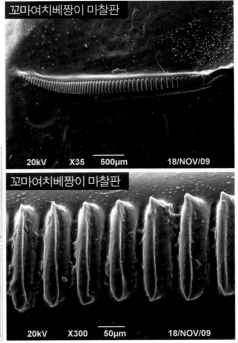

꼬마여치베짱이 마찰판

20kV   X35   500μm   18/NOV/09

꼬마여치베짱이 마찰판

20kV   X300   50μm   18/NOV/09

유충 얼굴의 검푸른 무늬로 쉽게 구별할 수 있다.

형태 몸은 전체가 갈색이다. 두정돌기, 두정과 앞가슴등판 윗면은 짙은 갈색이다. 입틀 주변과 가
슴복판, 옆가슴판은 흑색이다. 두정돌기는 뾰족하게 더듬이 자루마디 사이로 돌출하고 이마
돌기와의 결절은 닿았다. 앞가슴등판은 후부로 가면서 넓어지고 뒷가두리는 볼록하며 측엽
은 높이보다 길다. 앞날개는 후경절 말단에 이르며 끝은 절단된다. 작은 흑색 점렬이 흩어져
있다. 후퇴절은 전퇴절보다 2배 더 길며 무릎은 배 끝에 머문다. 다리의 아랫면 가시는 전퇴
절 안쪽에 2~3개, 바깥쪽에 1~2개, 중퇴절 안쪽에는 없고 바깥쪽에 3~4개, 후퇴절 안쪽에
는 없거나 1개, 바깥쪽에는 7~9개가 있다. 마찰판은 거의 직선상이며 가장자리 쪽에서 약
간 굽는다. 약 60개의 마찰돌기가 있으며 중앙부 마찰돌기는 가운데가 세로로 오목한 막대
모양이다. 수컷 복부말단 등판은 1쌍의 넓게 갈라진 엽을 이룬다. 미모는 굵고 넓은 원뿔형
이며 끝은 뾰족하게 안으로 굽는다. 내치는 길고 가늘며 수직으로 꺾여 위로 향하는데 끝은
둥글다. 아생식판은 좁고 짧아서 미모보다 돌출하지 않으며 뒷가두리는 오목하다. 미돌기는
작다. 암컷 산란관은 후퇴절보다 짧고 위로 굽으며 후반부에서 조금 두꺼워진다.

꼬마여치베짱이 유충의 얼굴 2010. 9. 27. 전남 여수

① 울음소리를 내고 있는 꼬마여치베짱이 수컷 2009. 5. 28.
제주 김녕
② 암컷 2010. 10. 3. 전남 여수
③ 종령 유충 2010. 9. 27. 전남 여수

VI. 어리쌕쌔기(아과) Subfamily Meconematinae

몸길이 25㎜ 이하로 여치 무리에서 가장 소형이며 몸은 연약하다. 체색은 항상 녹색 또는 황록색이다. 앞가슴복판에 돌기가 없다. 전경절에 길고 강한 포획용 가시가 발달하며 윗면 선단 가시는 없다. 전경절 고막은 개방형으로 열려 있다. 주로 나무 위에서 생활을 하며 낮에는 나뭇잎 뒷면이나 나무껍질에 붙어 쉬다가 밤에 돌아다닌다. 수컷의 복부말단은 복잡한 구조의 교미기를 갖추고 있다(그림 참조). 산란관은 칼 모양이며 약간 위로 굽는다. 생김새와 달리 작은 곤충을 잡아먹는 육식성이다. 수컷은 초음파성의 약한 울음소리를 내므로 사람 귀로 인식하기는 어렵다.

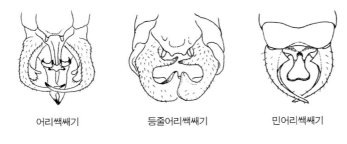

어리쌕쌔기   등줄어리쌕쌔기   민어리쌕쌔기

수컷의 미모 비교

어리쌕쌔기

= 쌕쌔기붙이, 가는이슬여치번티기

Kuzicus suzukii (Matsumura and Shiraki 1908)

분포　한반도 전역(제주도 포함). 국외 : 일본, 중국, 대만.

서식처　산지 숲속 나무나 덤불, 관목 위에 붙어산다.

성충기　7 ~ 11월.

길이　머리에서 날개 끝까지 22 ~ 25㎜, 산란관 9 ~ 10㎜.

울음소리　1분 이상 규칙적인 연속음을 빠르게 반복하며 음절 간격은 없다. 주파수 영역대는 9 ~ 22㎑
이다.

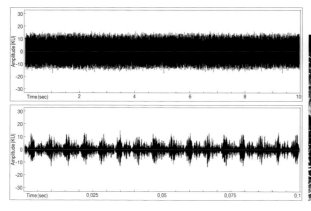

어리쌕쌔기 마찰판

유충 두정과 앞가슴등판 중앙, 배 중앙선을 따라 백색 또는 분홍색의 세로 줄무늬가 있다.

형태 밝은 녹색이며 겹눈은 홍색이다. 앞가슴등판 정중부에 좁은 황백색 세로 줄무늬가 있으며 옆면으로 좁고 어두운 띠와 옅은 갈색의 V자 무늬가 가운데서 어울린다. 앞가슴등판 V자형 가로홈은 뚜렷하다. 측엽 전측각은 둥글고 뒷가두리는 매우 경사진다. 앞날개 끝은 둥글며 경맥부에 약 17개의 흑점이 흩어져 있다. 수컷의 좌우 기부 마찰기구의 가장자리는 2군데에 걸쳐 뚜렷이 돌출한다. 마찰판은 거의 직성이며 기부에서 위로 굽는다. 약 90개의 마찰돌기가 있다. 항상판 중앙 돌기는 매우 크며 가운데에 결절이 있어 이엽상이고 말단부 윗면에 작은 돌기가 있다. 미모가 크게 발달하며 중간 안쪽에 돌기물이 있고 말단부로 가면서 가늘어진다. 미돌기는 작고 가늘다. 암컷 산란관은 곧고 말단으로 가면서 가늘어지며 기부 2/3 지점부터 약간 위로 굽는다. 기부 아랫면에 2개의 돌기와 아생식판 중간 돌기가 서로 맞물린다. 옆에서 볼 때 산란관 기부에 뚜렷한 3쌍의 돌출부가 있다.

어리쌕쌔기 유충 2007. 8. 26. 인천 장봉도

① 잎자루를 갉는 어리쌕쌔기 암컷 2009. 9. 26. 경기 파주 보광사
② 어리쌕쌔기 수컷 2009. 9. 27. 경기 고양

등줄어리쌕쌔기

Eoxizicus coreanus (Bey-Bienko 1971)

분포 한국(고유종).

서식처 그늘진 산지 숲속 나무 주변에 흔하다.

성충기 8 ~ 10월.

길이 머리에서 날개 끝까지 21 ~ 24mm, 산란관 9 ~ 10mm.

울음소리 수컷은 한밤중에 잎사귀에서 초음파성 소리를 낸다. 음향신호는 매우 미약한 음절로 짧게 끊어지는 소리이며 초당 8회 정도 반복한다. 전체 곡의 연속시간은 불규칙적이며 주파수 영역대는 10 ~ 24KHz이다.

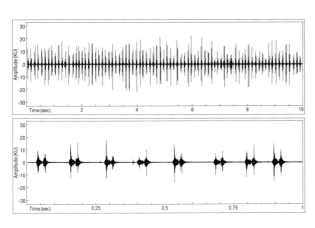

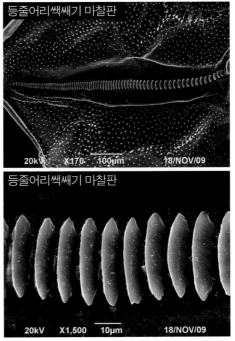

등줄어리쌕쌔기 마찰판

20kV   X170   100μm   18/NOV/09

등줄어리쌕쌔기 마찰판

20kV   X1,500   10μm   18/NOV/09

유충   앞가슴등판 양측 세로줄무늬는 없지만, 윗면이 특히 밝은 황색이다.

형태   청녹색이다. 더듬이 색은 연하고 겹눈은 홍색이다. 두정돌기는 좁고 원통형이다. 앞가슴등판 윗면은 밝은 황색이며 측융기부에 검정 띠무늬가 있어 전부에서 평행하고 후부에서 약간 벌어지다가 뒷가두리 근처에서 분명하게 접근한다. 후경절 윗면 가시는 담흑색이다. 수컷의 좌우 기부 마찰기구 가장자리는 삼각형으로 매우 두드러지게 돌출한다. 마찰판은 거의 직선상으로 배열하며 약 80개의 마찰돌기로 이루어져 있다. 중앙부 마찰기는 길쭉한 타원형이다. 복부말단 등판은 뒷가두리에 약한 요철과 삼각형에 가까운 작은 돌기엽이 있다. 미모는 짧고 안쪽으로 둥글게 굽으며 납작한 낫 모양인데, 말단에서 넓어졌다가 차츰 좁아진다. 기부의 내치는 평평하며 말단은 비스듬하게 잘린다. 아생식판은 삼각형이며 말단부에 홈이 있다. 미돌기는 작고 미약하다. 암컷 산란관은 거의 직선이며 끝은 뾰족하다. 아생식판은 크며 뒷가두리는 약간 오목하고 옆에 비스듬한 고랑이 있다.

등줄어리쌕쌔기 종령 유충 2010. 8. 11. 전남 지리산 화엄사

① 등줄어리쌕쌔기 수컷 2009. 9. 26. 경기 파주 보광사
② 커다란 정자주머니를 배 끝에 붙이고 있는 암컷 2008. 9. 25. 경남 거제도

민어리쌕쌔기

Cosmetura fenestrata Yamasaki 1983

분포   한반도 서남부 지방(울릉도, 제주도 포함). 국외 : 일본.

서식처   그늘진 산지 풀밭이나 덤불, 관목 잎사귀 위에 드물게 나타난다.

성충기   7 ~ 10월.

길이   머리에서 배 끝까지 8 ~ 14㎜, 산란관 6 ~ 7㎜.

민어리쌕쌔기의 날개 마찰음(↑, →)과 다리의 마찰음(↓).

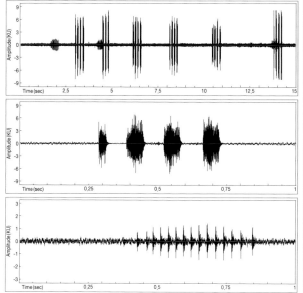

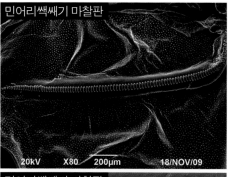

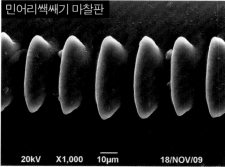

울음소리	수컷은 야간에 나뭇잎 위를 돌아다니며 날개를 비벼 약한 초음파 신호를 내거나 뒷다리를 바닥에 부딪쳐 떨림음을 함께 내보낸다. 앞날개에 의한 음향신호는 3~4번의 음절을 0.5초 안에 빠르게 반복하며 25~35㎑ 범위에 속한다. 뒷다리에 의한 음향신호는 날개에 의한 신호에 보조적으로 불규칙하게 동반하며 0.5초당 16~17회 빠르게 반복한다. 뒷다리 떨림음은 20㎑ 미만으로 원거리 통신용으로 보인다.
유충	다른 어리쌕쌔기류와 달리 앞가슴등판이 특히 길므로 구별할 수 있다.
형태	연한 녹색이다. 앞가슴등판과 배 윗면 정중부는 갈색띠가 있다. 수컷 항상판은 흑색이다. 앞가슴등판은 머리에 비해 상대적으로 매우 길며 측엽 하연은 둥글고 뒷가두리는 매우 경사진다. 수컷의 앞날개는 미시형으로 앞가슴등판 아래에 거의 숨겨져 있으며 가장자리만 볼록하게 나온다. 마찰판은 거의 직선상으로 배열하며 약 100개의 마찰돌기로 이루어져 있다. 중앙부 마찰돌기는 둥근 타원형이다. 항상판 윗면 중앙에 작은 돌출부가 있고 끝은 둥글다. 미모의 기부 안쪽에 큰 삼각형 엽이 있다. 암컷은 날개가 전혀 없다. 산란관은 후퇴절보다 짧고 두꺼우며 위로 굽는다. 산란관 기부 윗면에 작은 돌기가 있다. 아생식판은 끝이 무딘 삼각형이다.

민어리쌕쌔기 유충 2008. 7. 16. 경북 울릉도 나리분지

① 민어리쌕쌔기 수컷 2010. 8. 14. 경남 지리산 청학동
② 암컷 2010. 8. 14. 경남 지리산 청학동

참고문헌 및 웹사이트

Adelung N (1910) Uber einige bemerkenswerte Orthopteren aus dem palaearktischen Asien. Hor. Soc. Ent. Ross. 39:328-358.

Bailey WJ (1991) Acoustic Behaviour of Insects. Chapman and Hall. 225pp.

Bey-Bienko G (1951) Studies on long-horned grasshoppers (Orthoptera, Tettigoniidae) of the USSR and adjacent countries. Trud. Vsesoyuz. Ent. Obshch. Moscow. 43:129-170.

Bey-Bienko G (1954) Tettigoniidae, Phaneropterinae. Fauna of USSR, 2(2):384pp. [English translated (1965) Israel program]

Bey-Bienko G (1971) A revision of bush-crickets of the genus *Xiphidiopsis* (Orthoptera, Tettigonioidea). Ent. Obozr. 50:827-848.

Bolivar I (1890) Diagnosis de Orthopteros nuevos. Ann. Soc. Esp. Hist. Nat. 19:299-334.

Brunner von Wattenwyl C (1878) Monographie der Phaneropteriden. Verh. zool.-bot. Ges. Wien. 401pp.

Cho PS (1959) A manual of the Orthoptera of Korea. Hum. and Nat. Sci. Korea Univ. 4:131-198.

Cho PS (1969) Orthoptera. In: Illustrated encyclopedia of fauna and flora of Korea, 10(II). Samhwa Publ. Co. pp. 713-800.

De Haan W (1842) Bijdragen tot de Kennis der Orthoptera. In: Temminck KJ [ed.] Verhandlingen over de Natuurlijke Geschiedenis der Nederlandsche Overzeesche Bezittingers. Leiden, Netherlands pp. 45-248.

Furukawa H (1958) Preliminary report on sound-producing of some Japanese Orthoptera. Bull. Tokyo Gakugei Univ. 9:75-78.

Gorochov AV Storozhenko SYu & Kostia D (1993) Systematic notes on the Tettigoniidae of East Asia (Orthoptera). Zoosystematica Rossica, 2(2):287-291.

Harz K (1969) The Orthoptera of Europe I. Dr. W. Junk N. V. The Hague, 749pp.

Ingrisch S (1990) Zur Laubheuschrecken-Fauna von Thailand (Insecta:Saltatoria :Tettigoniidae). Senckenbergiana biol. 70(1/3):89-138.

Karny H (1907) Revision Conocephalidarum. Abh. Zool.-bot. Ges. Wien. 4(3):1-114.

Kevan DK (1982) Orthoptera. In:Synopsis and classification of living organisms. McGraw-Hill Book Company, Inc. pp. 353-383.

Kim JI & Kim TW (2001a) Taxonomic review of Korean Tettigoniinae (Orthoptera:Tettigoniidae). Korean J. Entomol. 31(2):91-100.

Kim JI & Kim TW (2001b) Taxonomic review of Korean Phaneropterinae (Orthoptera:Tettigoniidae). Korean J. Entomol. 31(3):147-156.

Kim TW & Kim JI (2001c) A taxonomic study on four subfamilies of Tettigoniidae (Orthoptera:Ensifera) in Korea. Korean J. Entomol. 31(3):157-164.

Kim TW & Kim JI (2002a) Taxonomic study of the genus *Conocephalus* Thunberg in Korea (Orthoptera:Tettigoniidae:Conocephalinae). Korean J. Entomol. 32(1):13-19.

Kim TW & Kim JI (2002b) Taxonomic study of tribe Copiphorini in Korea Orthoptera:Tettigoniidae:Conocephalinae). Korean J. Entomol. 32(3):153-160.

Lee SM (1990) Systematic notes on Tettigoniidae of Korea. Ins. Koreana, 7:104-117.

Matsumura S & Shiraki T (1908) Locustiden Japans. J. Coll. Agri. Tohoku Imp. Univ. 3(1):1-80, pls. 1-2.

Miram E (1940) New species of the genus *Paradrymadusa* (Orthoptera, Decticinae) from Ussuri region. Proceedings of the Zoological Institute, Leningrad, 6(1-2):61-63.

Moore TE (1989) Glossary of song terms. *In*:Cricket behavior and neurobiology. Cornell University. pp. 485-487.

Mori T (1933) The Korean Tettigoniidae. J. Chosen Nat. Hist. Soc. 16 : 50-56.

Naskrecki P & Otte D (1999) An illustrated catalog of Orthoptera. Vol. I. Tettigonioidea. (CD ROM). The Orthopterists' Society.

Preston-Mafham K (1990) Grasshoppers and Mantids of the World. Facts on File, 192pp.

Pylnov E (1914) Contritutions a la faune des Orthopteres de la Russie d'Asie. Rev. Russe d'Ent. 14 : 106-110.

Ragge DR & Reynolds WJ (1998) The songs of the grasshoppers and crickets of Western Europe. Harley Books. 591pp.

Redtenbacher J (1891) Monographie der Conocephaliden. Verh. Zool. Bot. Ges. Wien, 41 : 315-562.

Rentz DC & Miller GR (1971) Ecological and faunistic notes on a collection of Orthoptera from South Korea. Ent. News, 82 : 253-273.

Rentz D (2010) A guide to the katydids of Australia. CSIRO Publishing. 214pp.

Shiraki T (1930) Some new species of Orthoptera. Trans. Nat. Hist. Soc. Formosa, 20 (111) : 327-355.

Storozhenko SYu & Paik JCh (2007) Orthoptera of Korea. Vladivostok : Dalnauka, 232pp.

Storozhenko SYu (2004) Long-horned orthopterans (Orthoptera : Ensifera) of the Asiatic part of Russia. Vladivostok : Dalnauka, 280pp.

Thunberg CP (1815) Hemiterorum maxillosoum genera illustrata. Mem. Acad. Imp. Sci. St. Petersb. 5 : 211-301.

Uvarov BP (1923) Notes on the Orthoptera in the British Museum 3. Trans. Ent. Soc. London, pp. 492-537.

Uvarov BP (1926) Some Orthoptera from the Russian Far East. Ann. Mag. Nat. Hist. 9(17) : 273-291.

Uvarov BP (1930) Three new Orthoptera from China. Ann. Mag. Nat. Hist. 10(5) : 251-256.

Uvarov BP (1939) A new *Tettigonia* from Russian Far East (Orthoptera). Ann. Mag. Nat. Hist. 11(3) : 614-616.

Walker F (1869) Catalogue of the specimens of Dermaptera Saltatoria and supplement to the Blattaria in the collection of the British Museum Ⅰ-Ⅱ. 423pp.

Yamasaki T (1983) The Meconematinae (Orthoptera, Tettigoniidae) of Northern Honshu, Japan, with descriptions of new taxa. Mem. natn. Sci. Mus. Tokyo, 16：137-144.

김태우, 김기경, 여진동, 안능호 (2008) 한국산 여치상과의 분류와 음향신호에 관한 연구 (I). 국립생물자원관.

김태우 (2009) 한국산 여치상과의 분류와 음향신호에 관한 연구 (II). 국립생물자원관.

백문기, 황정미, 정광수, 김태우, 김명철, 이영준, 조영복, 박상욱, 이흥식, 구덕서, 정종철, 김기경, 최득수, 신이현, 황정훈, 이준석, 김성수, 배양섭 (2010) 한국 곤충총목록. 자연과생태.

한국의 메뚜기

    http：//www.jasa.pe.kr/pulmuchi/

국립생물자원관

    http：//www.nibr.go.kr/main/home.jsp

한국의 곤충자원

    http：//goodinsect.naas.go.kr/

虫の音WORLD (일본)

    http：//mushinone.cool.ne.jp/English/ENGindex.htm

The Songs of Insects (미국)

    http：//www.musicofnature.com/songsofinsects/index.html

Raven (Cornell Lab of Ornithology)

    http：//www.birds.cornell.edu/brp/raven/RavenOverview.html

Orthoptera Species File Online

    http：//orthoptera.speciesfile.org/HomePage.aspx

부록 1. 한국의 여치(과) 목록

부록 2. 소리로 여치 구별하기

　대부분의 여치는 저마다 특이한 울음소리를 내기 때문에 울음소리를 잘 듣는 것만으로도 종 구분이 가능하다. 그러나 근연종 간에 울음소리가 매우 비슷하거나 어리쌕쌔기아과처럼 초음파 영역대의 소리를 내는 것도 있어 사람의 귀로 구별하기 어려운 경우도 있다. 대개 여치는 귀뚜라미와 달리 높은 영역대의 소리를 사용한다. 보통 귀뚜라미의 울음소리가 2 ~ 9㎑라면 여치는 8 ~ 20㎑ 이상으로 높은 소리를 내기 때문에 사람 귀에 거슬리는 소리로 들리는 수가 있다. 이들 소리를 몇 가지 패턴으로 구별해 보면, ① 1분 이상 단순음을 지속하는 경우로 대다수의 여치가 이런 소리를 낸다. 동일음이 빠르게 생성되므로 음

절 간격이 느껴지지 않고 곡이 언제 끝나는지도 불분명하다. 중베짱이, 매부리 종류가 대표적이다. ② 1분 이상 뚜렷하게 짧은 소절을 반복하여 지속하는 경우로 음절 간격이 분명하게 느껴진다. 잔날개여치, 베짱이 등이 대표적인데, 음절 간격은 온도에 따라 변할 수 있다. ③ 1분 이내에 하나의 독립적인 레퍼토리 곡을 마치는 경우로 여치가 대표적이다. ④ 1분 이내에 점점 빠르기가 있는 곡을 마치는 경우로 줄베짱이가 대표적이며 소리는 매우 리듬감 있게 느껴진다. ⑤ 1초 미만의 매우 짧은 단음절을 불규칙하게 내는 경우로 큰실베짱이가 대표적이다.

　소리를 자주 듣고 귀를 훈련하면 보편적이고 특징적인 소리를 내는 여치는

쉽게 동정할 수 있다. 다만 소리의 변이 현상과 아직까지 잘 알려지지 않은 부분이 있음을 감안할 필요가 있는데, 기본적으로 야외에서 들리는 대부분의 소리는 수컷의 유인음(calling sound)이라 할 수 있으며, 이것은 멀리 떨어져 있는 암컷을 가까이 유인하고 다른 수컷들에게는 자신의 존재를 과시하는 소리라고 할 수 있다. 한편 유인음은 수컷 가까이 암컷이 근접하였을 때 구애음(courtship sound)으로 바뀌며 이 소리는 보통 유인음보다 부드럽고 긴박하다. 반대로 경쟁자인 수컷이 접근하였을 때에는 거친 느낌의 공격음(aggressive sound)으로 바뀐다. 이 외에 온도, 연령, 개체, 밀도, 지역에 따른 울음소리 변이가 있으며, 드물게 실베짱이아과에서처럼 암컷이 소리를 내는 경우도 알려져 있다.

　최근에 간편한 휴대용 디지털 녹음기나 사운드 플레이어가 개발되고 있어 곤충 소리를 채집하는 일도 쉬워지고 있다. 야외에서 울음소리를 들었을 때에는 최대한 가까이 음원에 접근하여 수컷을 발견하면 1m 이내까지 다가가 최소한 1분 이상 소리를 집중해서 들으면서 특정 패턴을 파악할 수 있을 때까지 녹음한다. 이때 시간과 기온을 함께 기록하면 과학적 자료로 쓰일 수 있다. 파일은 압축하지 않는 웨이브(wav) 형식으로 저장하고 가능한 기기의 최고 품질로 녹음하는 것이 좋다. 입력 주파수가 다른 경우 녹음된 소리가 실제와 전혀 다르게 들리는 경우가 있으므로 기기의 성능을 확인해야 한다. 좀 더 깨끗한 소리를 얻기 위해서는 방음 효

주간 녹음(2010. 8. 4. 강원 횡성)

과가 있는 실내에서 개별적으로 사육하면서 녹음한다. 여치의 활동시간에 따라 우는 시간을 일일이 맞추기가 어려우므로 사육상자 근처에 녹음기를 함께

두어 장시간 방치하면 평소에 울음소리를 듣기 어려운 종류의 소리도 녹음할 수 있다. 생물의 음향특성을 분석하는 프로그램은 미국 코넬대학교 조류학 연구실(Cornell Lab of Ornithology)에서 제공하는 Raven 시리즈가 유용하다.

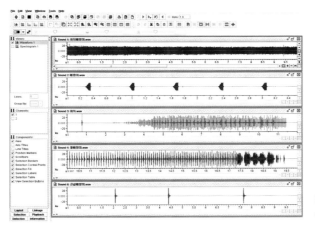

Raven Pro 프로그램을 이용하여
5가지 음향 패턴 비교

여치 소리 CD 수록 리스트